20岁谋事 30岁成事

王铁梅 ◎ 编著

天津科学技术出版社

图书在版编目(CIP)数据

20 岁谋事 30 岁成事 / 王铁梅编著.- 天津:天津科学技术出版社,2011.1

ISBN 978-7-5308-6188-2

Ⅰ.①2… Ⅱ.①王… Ⅲ.①成功心理学 – 青年读物 Ⅳ.①B848.4–49

中国版本图书馆 CIP 数据核字(2011)第 000589 号

责任编辑:张 萍
责任印制:白彦生

天津科学技术出版社出版

出版人:蔡 颢

天津市西康路 35 号 邮编 300051

电话(022)23332398(事业部) 23332697(发行)

网址:www.tjkjcbs.com.cn

新华书店经销

北京雷杰印刷有限公司印刷

开本 710×1 000 1/16 印张 15 字数 178 000

2011 年 6 月第 1 版第 1 次印刷

定价:30.00 元

前 言

二十几岁正是人生困惑的时期，困惑大多来源于理想与现实之间的矛盾。二十几岁的人，腰身还很单薄，双肩也许还稚嫩，但不能因此而放弃对自己未来的责任。我们在二三十岁的所作所为，一言一行，都将决定自己未来人生的走向。

如果你是一个细心的人，你可发现，世界上那些成功的人，很早就朝着成功迈进了，他们在二十几岁的时候，就已经很积极地为人生做准备了。

世界首富比尔·盖茨年轻时就立下志愿："我要在25岁之前赚到我的第一个100万。"所以他紧紧地抓住了二十几岁这个年轻人发展最重要的阶段，比同龄人更早地投入到了自己的事业当中，他20岁开始领导微软。正是有了二十几岁的努力，比尔·盖茨才能够在31岁成为有史以来最年轻的亿万富翁，37岁成为美国首富，39岁身价超过沃伦·巴菲特成为全球首富。

二十几岁是青春灿烂的年龄，也是大展宏图的时候。学会谋事，才能成事。人的一生，就好比一条河，在流动中感受风景，也在流动中经历坎坷。而一生成功与否，大多取决于年轻时候，在中上游是否奋力搏击。二十几岁，正是这样一个很关键的时期，这段时间要努力建立自己的事业，寻找自己的爱情，工作中做人做事都要恰到好处，不能太自我太自以为是，也不能太平庸没有追求，要建立好人脉，要学会理财……

20岁做好定位，30岁才能从容应对；

20岁确立目标，30岁才能成就梦想；

20岁注重形象,30岁才能受益于形象;

20岁塑造品格,30岁才能德才兼备;

20岁培养多样能力,30岁方可力所能及;

20岁建立人脉,30岁才能左右逢源;

20岁学会理财,30岁财源滚滚来;

20岁努力学和做,30岁受用不尽;

20岁抓住机遇,30岁品尝胜利;

20岁认识爱,学会爱;30岁收获爱,分享爱。

本书以故事性的话语,把一个个生活的秘诀娓娓道来。希望能帮助在二十几岁的年轻人摆脱迷茫,摆脱人性的弱点,清醒明白地生活,有力地控制自己的步伐,成为自己命运的主人。

目　录

第一章　20 岁做好定位，30 岁才能从容应对

　　一个人在 20 岁的时候，如果还没有对自身定位，就会像水面上飘摇不定的小舟，只能随风而动。这样地飘来飘去，终究不会离开原点有多少距离。古人曾留下"三十而立"的说法，一个人只有定位好自己的人生，做真正的自己，才能绽放出生命的光彩。

第二章　20 岁确立目标，30 岁才能成就梦想

　　二十几岁的时候野心勃勃，充满玫瑰般的梦想，但到了而立之年，却依然一事无成。为什么呢？因为大部分人不知道自己生活的目标，关于生活方式、经济能力、工作与休闲以及成就感的来源等生命重大课题，没有一个清楚地看法。正确的做法应该是，在二十岁的时候就为自己确定一个明确目标，才能在以后收获梦想果实。

第三章　20岁注重形象，30岁才能受益于形象

　　不管是在公共场所，还是私人聚会，只要你与人交往，你的穿着打扮、言谈举止等外在形象就会出现在他人的眼里，并给别人留下印象。一个人外在形象的好坏，关系到他社交活动的效果。20岁培养注重形象的习惯并不晚，这是刚踏入社会的年龄，懂得塑造好形象，它的价值会让你受益终身。

第四章　20岁塑造品性，30岁才能德才兼备

　　品性修炼，对一个人的成才有极大的助益。美国华裔科学家、微软中国研究院院长李开复在写给中国学生的一封长信里，详细地谈了该如何在未来的留学、工作或者创业中获得成功，其中第一条就是要"坚守诚信、正直的原则"。这往往不被人放在眼里，只有真正有智慧的人才会理解品性

的价值。《射雕英雄传》里郭靖"忠诚老实,甚有侠义之心,性格纯厚,朴实和善,以恕道待人,临危不忘救人。"因为郭靖品性高尚,所以在成才的道路上得到了许多德高望重的武林高手的真诚指导和帮助。

第五章 20岁培养多样能力,30岁方可力所能及

二十几岁,刚从学校出来,有最新的专业知识,有最前卫的思想。但是,仅凭这些与社会上各色人等打交道还远远不够。面对烦琐复杂的社会,更需要有灵活自如的应付手段。而这一切,需要我们懂得多样能力的培养。

第六章　20岁建立人脉，30岁才能左右逢源

我们生活在一个崇拜成功、需要成功的年代，成功靠的是自己，自己靠什么？知识、金钱、背景……也许这一切你都没有，但是，你可以打造一把叩开财富大门的金钥匙——人脉。人脉是一种无形资产，是潜在的财富，20岁的时候能广泛地建立好人脉，才会让我们的事业在以后左右逢源。

第七章　20岁学会理财，30岁财源滚滚来

二十几岁正处于挥汗打拼的阶段，如果你在这个时候学会理财，就会事半功倍，少走很多弯路，就会比别人更早达到各种生活目标，实现自我理想。20岁的时候学会理财，合理利用种种处理金钱的方法，相信30岁后你就能成为一个别人羡慕的有钱人！

第八章 20岁努力学和做,30岁受用不尽

二十几岁的人,有充沛的精力,灵活的头脑。要想有所作为,就要学习知识。掌握了知识就掌握了自己的命运。同时,做好工作的,脚踏实地,才能取得受用一生的成功。

第九章 20岁抓住机遇,30岁品尝胜利

机遇是易逝的,机遇来临时要抓住,抓紧,切莫坐失良机。时不我待,

有道是,机会从来都是给那些有思想准备的人准备的。没有观察力、判断力的人,就没有办法发现机遇,没有知识、能力的人,发现了机遇也没有办法抓住机遇。二十几岁,正是人生最璀璨的年华,机遇就好比是此刻迈向前方道路上的粒粒珍珠,谁抓住了它,谁就最先拥有了通向成功之门的钥匙。

第十章 20岁认识爱,学会爱;30岁收获爱,分享爱

年少轻狂,20岁的时候,也许还不懂得爱,但心中对爱有着炽热般的梦幻。然而种种现实,又可能让我们这最闪耀的梦瞬间破碎。我们还不成熟,还没有足够的判断力来确定爱。20岁的时候认识爱,学会爱,才能在30岁的时候收获爱,分享爱。

第一章
20 岁做好定位，30 岁才能从容应对

一个人在 20 岁的时候，如果还没有对自身定位，就会像水面上飘摇不定的小舟，只能随风而动。这样地飘来飘去，终究不会离开原点有多少距离。古人曾留下"三十而立"的说法，一个人只有定位好自己的人生，做真正的自己，才能绽放出生命的光彩。

1.成功的定位,预示着成功的人生

在现实生活中,往往有这样一些人——他们正值二十几岁的青春年华,他们或是仪表堂堂、谈吐不俗,或是聪明睿智、才华横溢,然而他们却始终无法摆脱人生的桎梏,一直在社会的最底层苦苦徘徊、不断挣扎。

那么,是什么使他们遭遇了前进的瓶颈,在本应腾飞的年龄停滞不前呢? 答案其实很简单,即他们没有给自己确立一个正确的人生定位。有句话说得好——"如果你甘愿做奴仆,那你永远不会成为主人"。二十几岁的年轻人,给自己预置一个什么样的定位,将直接决定你的一生,换句话说,如果你将自己定位为平庸者,你的一生将注定碌碌无为;如果你将自己定位为成功者,那么你就是一个成功者!

有这样一个故事。

1986 年,被誉为中央音乐学院"四大才子"之一的谭盾,远赴美国。初来乍到,需要金钱支撑生活的谭盾,只能选择在街头卖艺谋生。所幸在这里他结识了一位黑人琴师,并与之合作争得了一块属于他们的"旺地"——一所商业银行的门前。

一段时间过后,谭盾有了一定的资金,此时他选择了与黑人琴师告别,奔向自己向往已久的艺术学府——哥伦比亚大学,并追随大卫·多夫斯基及周文中先生潜心学习音乐创作。在哥伦比亚大学中,谭盾自然不能像在街头时那样卖艺赚钱,他的生活也因此有些拮据。然而,此时的谭盾已然得到了升华,他的目光超越了物质,在广阔、长远的道路上不断向前延伸……

　　1988 年,谭盾在师友的协助下,于美国举办了个人作品音乐会,成为首位在美国举办个人音乐会的中国音乐家;1989 年,谭盾以一曲使用自制乐器演奏的《九歌》,推开了国际音乐殿堂的大门,并不断推陈出新,以令人惊叹的音乐作品,逐步奠定了自己"国际著名作曲家"的地位;1999 年,谭盾凭借歌剧《马可波罗》,一举斩获了格莱美作曲大奖;2001 年,谭盾因为电影《卧虎藏龙》作曲,摘取了奥斯卡金像奖"最佳原创配乐奖"……

　　谭盾成名以后,一次路过自己曾经卖艺谋生的那家商业银行,他惊奇地发现,昔日的合作伙伴,那位黑人琴师依旧占据着这块"旺地",十年的时间悠悠而过,他的脸上一如既往地挂满了得意与陶醉……琴师询问谭盾现在的"工作地点",谭盾说出了一家非常有知名度的音乐厅,黑人琴师却说道:"那个地方也不错,能赚到不少的钱"。他怎么知道,如今的谭盾早已成了享誉世界的美籍华裔作曲家。

　　很明显,谭盾之所以能够取得今天的成就,就在于他没有将自己定位在某个银行门前一直摆地摊,他十分清楚自己的人生,绝不是通过"卖艺"来走完全程;反观那位黑人琴师,他从始至终固守着那块所谓的"旺地",因此他也只能做一个不入流的街头卖艺者。

　　由此不难看出,一个成功的定位,往往可以成就一个人的一生;一个失败的定位,则往往预示着一个失败的人生。诚然,我们每个人对人生的追求有所不同,但可以肯定的是,无论你怎样理解成功、定义成功,你都必须给自己一个明确的定位,没有明确的定位、具体的方向作为指引,那么你所做的一切努力,都无异于是"无用功"。

　　二十几岁无疑是人生的关键期和转折期,此时此刻出现在我们面前的道路会有很多,但属于你的只有一条,是在原地踏步,还是大步向前,完全取决于你的选择。不甘平庸的年轻朋友,一定要选择一条适合自己的道路,然后矢志不移地走下去!

2.借我一双慧眼吧

二十几岁,刚离开校园、步入社会,对日新月异的世界充满了好奇;二十几岁,处于人生黄金期,对于纷繁复杂的社会充满了求知欲;二十几岁,面临命运的抉择,站在人生的十字路口上,有必要对自己做一番审视,盘点一下自己有什么优势可以发展,又有什么缺点需要改正,在迈出进入社会的第一步以前,一定要明确自己适合做什么,又能够做什么!

曾几何时,那英的一曲《雾里看花》红遍大江南北,歌词中有这样两句:"雾里看花水中望月,你能分辨这变幻莫测的世界""借我一双慧眼吧,让我把这纷扰看得清清楚楚明明白白真真切切",言简意赅,深切道出了那个时代人们的迷茫。或许在他们看来,了解他人、认清世界,是一件难以企及的事情,殊不知,这个世界上最让我们难以解读的,往往是我们自己。

"认清自己"——这是一句再简单不过的话,每个人都在说,但真正能够做到的人却寥寥无几。早在古希腊时期,人们就一直将"认清自己"视为人类的最高智慧,在著名的阿波罗神殿的大门上,刻有这样一句箴言:"认清你自己"。那么,为什么我们总是无法看清自己的"真正模样"呢?

中国有句古话:"不识庐山真面目,只缘身在此山中。"人们之所以无法充分地认识自己,无法给予自己一个准确的定位,其主要原因就在于人们无法客观地看待自己。所谓"人贵在有自知之明",就是因其难才可贵。一个人如果能够对自己的体貌、才能、品质、优劣势等,形成客观、准确的认知,那么可以说,他就已经具备了一定的成功条件；如果对自己茫然无知，又刚愎自用，那么这个人势必会走向末路穷途。

有位青年朋友，写起书信错字连篇，却自认才华横溢。在几位损友的虚捧下，他开始做起"作家梦"，辞掉原本稳定的工作，做了自由撰稿人。然而，他"呕心沥血"编著出来的"大作"，却屡屡被报社、出版社退回。这种情况下，他非但没有客观地审视自己，反省自己的不足，反而喟然长叹"千里马常有，而伯乐不常有"。

就这样，伴随着时间的推移，青年的家境逐渐陷入了食不果腹的境地，妻子在屡劝无果的情况下，绝望地离他而去，原本幸福美满的家庭，就这样被他的执迷不悟葬送了。

这就是一个没有"自知自明"的人，他过高地评估了自己的能力，脱离了基本事实，将自己定位在了一个不切实际的地方，碰壁之后又牢骚满腹，一味地抱怨别人没有眼光，最终落得个夫妻分离、一贫如洗的下场。

美国总统富兰克林有句名言：如果将宝物放错地方，那它就是废物。二十几岁的年轻人正处于智商、情商、性格不断变化、完善的阶段，对自己形成一个正确的认知，及时调整自己的奋斗目标和行动计划，是接近成功必不可少的一道人生程序，如果程序无误，就会释放出最大的人生能量。

在这里，本书为二十几岁的青年朋友，推荐了三种可行方案，希望能够对大家有所帮助。

（1）实践出真知

如果你无法正确地认识自己，那么利用实践使自己达到清醒，可以说是一种不错的方法。在实践中，你会真实地经历成与败，从而检验出自身所具备的基本条件，发现自身的优势与不足，并以此对自己做出正确评价。

（2）面壁思过

每隔一段时间，让自己清醒一下，仔细回想回想，在这段时间自己都做了些什么,有哪些事是错误的,为什么会做错?从中找出不足之处,客观地对自己做一个评价,及时加以改正。

(3)从别人的眼中看自己

每个人都有自己的朋友,朋友对你的态度如何,将直接反映出你的优缺点。如果朋友乐于接近你,这说明你至少拥有真诚、热情、正直的优点,需要继续发扬,以便建立更为广阔的人脉;如果朋友们对你"唯恐避之而不及",这说明你的性格中存在一定的缺陷,如暴躁、奸猾、虚荣等,那么你就要努力使自己变得温和、真诚、务实一些,才会重新赢得朋友的信任,也就有了成功所必需的"人脉资本"。

3.不怕起点低,就怕好高骛远

人生于世,一些事情确实由不得我们做主,那些与生俱来的东西,我们无法选择、改变。就以家庭出身来说,一些人含着金钥匙出生,锦衣玉食、有能人相辅,他们无须付出太多的努力,便可以得到比别人更多的收获,因为从出生的那一刻起,他们就注定有一个很高的起点。

但这种"骄子"毕竟凤毛麟角,多数人都降生在平凡的百姓人家,无法给予我们雄厚财富与广袤的人脉,自然也无法为我们搭建一个有高度的人生起点。面对这种情况,二十几岁的我们是不是要怨天尤人,喟叹命运不济呢?如果这样,相信你也只能在起点上驻足不前。

有句话说得好:"我拿青春赌明天!"我们无法选择出身,但有权力选择未来,起点本就不高,"赌"一把又何妨?即使输了,无非再回到起点。我们有青春、有精力,却没有"高起点"附带的包袱,这不就是我们的资本吗？

　　所谓"有志者，事竟成，破釜沉舟，百二秦关终归楚。""苦心人，天不负，卧薪尝胆，三千越甲可吞吴。"一个高起点的人，倘若像吴王夫差一样自以为是、不思进取，他的未来也极有可能一败涂地；一个低起点的人，若能坦然以对，知耻后勇、奋起直追，他的明天就一定会很美好！

　　有"南天王""打工皇后"之称的吴士宏，1964年出生在北京一户普通人家，初中毕业后，在北京椿树医院做过一段时间的小护士。1985年，大病初愈的吴士宏感悟到，自己绝不能继续在这个毫无生气，甚至连温饱都无法满足的地方浪费青春。于是，通过高等教育自学考试，取得了英语专科文凭，并通过外企服务公司顺利进入国际知名企业"IBM"，任办公勤务。

　　所谓"办公勤务"，说得直白一点，与"打杂"无异，这是一个卑微的角色，端茶倒水、打扫卫生等一切无须动用大脑的肢体劳动，几乎都是吴士宏的分内之事。有一次，当吴士宏推着满满一车办公用品回到公司时，却被门卫以检查外企工作证为由，故意拦在了门外，像吴士宏这样的工种，根本没有证件，于是二人就这样在门口僵持着，面对来往行人异样的目光，吴士宏的内心充满了屈辱感……

　　然而，身处这样一个低起点的岗位上，求生于这样一个屈辱的环境中，吴士宏没有自暴自弃、看轻自己，她暗暗发誓："这种日子不会太久，我决不允许别人再将我拦在任何门外！"

　　自此以后，吴士宏每天至少要比别人多花6个小时工作和学习，经过一年的努力，终于争取到了公司内部的培训机会，在同一批聘用者中，第一个成为了销售代表。同样的付出，带给吴士宏的自然是不断飙升的业绩，这使她从销售员一路登上IBM华南分公司总经理、IBM中国销售渠道总经理的宝座。1998年，吴士宏离开了工作12年的IBM公司，受聘于微软大中华区总经理，攀上了职业经理人的顶峰。

一个人在较高的起点上做出点成绩,并不值得夸耀,但若能像吴士宏这般,在最底层的岗位、最低的起点上,书写出一段辉煌,才是人生的精彩。二十几岁的我们若想有所作为,必须要具备这样一种心态:不怕从底层做起,但要时时进取;不要安于现状,但也不可好高骛远。也就是说,在二十几岁的黄金年龄段,一定要努力使自己适应环境,要尽全力使自己接受低起点、低岗位的事实,借助逆境去磨炼意志,充实才能,并最终用成绩将才能展示出来。唯有如此,你才能得到别人的认可,才能令别人对你高看一眼。

然而遗憾的是,很多年轻人一直未看透这一点,他们或埋怨父母无能,没有赋予自己亿万身价;或指责老板"大材小用",没有充分注意自己的才能。总之,这类人有一个共性——好高骛远,抱怨有余,努力不足,因此,等待他们的往往是一事无成。

徐丹毕业于西南某重点大学中文系,在学校时便有"才女"之称。毕业后,她与两位校友一起被分配到某知名出版社。徐丹认为,凭借自己的才能,即使不能一步到位成为社里的总编,但做个责编应该不成问题。但事实却并非如此,徐丹被分到了总编办公室,她的工作是总编助理。为此,徐丹大感不满,她抱怨领导不会用人,埋没了自己。在她看来,自己重点学府的文凭再加上满腹的文采,根本不应该从这个起点上做起,这太"屈才"了。但徐丹并不知道,领导之所以如此安排,并不是"不识货",而是希望她能够在总编身边学到更多东西,对出版业有更为深入透彻的了解,以便将来对其加以重用。但由于徐丹的满腹牢骚,消极怠工,领导感到大失所望,逐渐放弃了对徐丹重点培养的想法。三个月后,好高骛远、以混日子为主的徐丹,终于令领导忍无可忍,遂送给她一纸解聘书。

徐丹的失败,在于她没有适时调整好心态,适应全新的环境。通过她的教训,我们认识到一点,做人、做事不怕起点低,就怕好高骛远。因此,在人生的旅途上,我们若想走得顺畅,必须要持有:不求一步到位，但求步步到位的态度，要像吴士宏一样，"顺风兮，逆风兮，无阻我飞扬！"

4. "我命由我不由天"——绝不向命运低头

　　一位诗人曾说："你是自己命运的主人，是自己灵魂的引导者"。可见在诗人眼里，命运并不是由上天赋予的，它的决定因素是一个人对于人生态度和方向的选择。

　　我们知道，人的一生无时无刻不在变化，或许你今朝所拥有的一切，旦夕之间便会付之于流水。毕竟，贫与富、逆与顺已然是无法改变的事实，但未来会怎样？是"原地踏步"、甚至越走越糟，还是豁然开朗、柳暗花明，这就完全要取决于你的选择。

　　只要简单回顾一下历史，就不难发现，古往今来，身在豪门、才华横溢、抱负宏伟却碌碌无为、一事无成的人，比比皆是；而出身贫寒、才智平庸，甚至身有残疾，却能够脱颖而出、冠绝群伦的人，同样不在少数。究其根由，只因为前者太过懦弱，他们将自己定位为弱者，轻易地被命运折服，自此随波逐流、虚度年华，逐渐沦落为名副其实的"弱者"；而后者，虽然时运不济，饱受苦难，却始终保持着"高傲"的心，他们选择由自己来主宰命运，并在人生的竞技场上，凭借顽强不屈的意志，为自己打造出了引以为傲的标志——"强者"。

　　海伦·凯勒出生于美国亚拉巴马州塔斯喀姆比亚，19 个月大时，因猩红热失去了视听能力。然而，不幸的命运并没有使她屈服，在黑暗而又孤寂的世界里，海伦·凯勒凭借顽强的毅力克服着生理缺陷带来的痛苦，她热爱生活，她用自己的努力来主宰命运。

　　在导师安妮·莎莉文的帮助下，海伦·凯勒逐渐学会了读书和说话,通过不懈的努力,成功斩获了哈佛大学的学位证书,成为通晓英、德、法、希腊、拉丁五国文字的著名作家与教育专家。

1902-1903年,海伦·凯勒撰写、出版了处女作《我的生活》,作品一经发表,立刻在美国文学界引起了轰动,这部作品被誉为"世界文学史上无与伦比的杰作"。

海伦·凯勒一生共写了14部著作。成名以后,海伦·凯莱一直往来奔走于美国和世界各地,为盲人学校进行募捐,建立起了一家家残疾人福利机构。可以说,她将自己的一生都奉献给了慈善及教育事业,海伦凯勒也因此入选了美国《时代周刊》评选的"人类十大偶像"之一,并被授予"总统自由奖章"。

美国知名人士马克·吐温,在评价海伦·凯勒时说:"19世纪出了两个了不起的人物,一个是拿破仑,一个是海伦·凯勒。"

1968年,海伦·凯勒与世长辞,享年87岁。海伦死后,她的故事被两次拍成了电影,世界各地的人们都在积极开展纪念她的活动。

海伦·凯勒的故事,不能不说是一个奇迹,这个一生处于幽闭世界中的"弱女子",凭借着坚忍意志接受命运的挑战,以其独特的方式与命运相抗衡,并最终赢取了胜利,将"大爱"洒向世界。

相比海伦·凯勒而言,二十几岁的正常人身富力强、精力充沛,即使命运坎坷,但至少还拥有海伦·凯勒向往一生的声音与光明。现在,摆在我们面前的是两种选择:其一,不负责任地对待自己,在原地徘徊,甚至后退,向命运低头,做一个碌碌无为的弱者;其二,挺起胸膛,扬起头,担起本就属于自己的责任,勇敢地向命运发出挑战,成为一名备受瞩目的强者。

两种选择,两个不同的人生过程,两种迥然而异的人生结局,何去何从只能由你抉择,因为命运掌握在你自己的手中。

5.挖掘自己的闪光点，扬长避短

第一次踏出沙漠的小骆驼，在大开眼界以后，忍不住伤心地问妈妈："妈妈，为什么我们的眼毛比其他动物的都长？把眼睛都挡住了，又丑又不舒服。"骆驼妈妈回答它："我们行走于沙漠之中，当风沙袭来，长长的眼毛可以帮我们挡住风沙，这样我们就可以睁着眼睛看清方向，也就不至于迷路了。"小骆驼听完点了点，情绪明显好转。

过了一会，小骆驼忍不住又问："妈妈，为什么我们的背上长了两个大包？难看死了！"骆驼妈妈耐心地告诉小骆驼："这不是大包，它叫做驼峰，可以帮助我们储存大量的水及养分，有了它，在没有水和食物补给的情况下，我们依然可以在沙漠里坚持走上十几天，这是其他任何动物都无法比拟的。"

听了妈妈的解释，小骆驼不禁兴奋地大叫起来："好棒啊，原来我身上的东西有这么大的用处……"

读完这则故事，不知大家是否会从中受到一些启发。其实，很多二十几岁的年轻人如故事中的小骆驼一般，被自卑蒙蔽了双眼，无法看到自己身上的闪光点，因此妄自菲薄，更有甚者"破罐子破摔"，委靡不振。

事实上，我们根本无须沉沦在这种情绪之中，久久无法自拔。因为客观地说，来到这个世界上的每一个人，都带有与众不同的天赋与特长，所以我们完全可以认为，这个世界上的每一个人都是天才！只不过，大多数人都和小骆驼、和自卑迷茫的朋友一样，没有发现自己的天赋、自己的闪光点。只有少数人在不断的实践与探索中，逐渐认识了自己的优势，将其充分地发挥出来，成就了一番事业。

提及沃伦·巴菲特,对于投资、股票略有研究的人一定会竖起大拇指——他简直就是一个传奇。是的,巴菲特头顶的光环,足以令这个世界上的所有人炫目——"股神""历史上最伟大的投资家"……

不过很少有人知道,巴菲特在童年时期,表现与一般孩童毫无二致,性格内向,甚至在行动、反应速度方面还不如其他孩子,因此他常常成为小伙伴们嘲笑的对象。但巴菲特知道,自己拥有小伙伴们并不具备的优点,高度的耐心,对数字与生俱来的敏感。

大学毕业后,巴菲特从事过很多工作,法律顾问、销售代表、职业经理人,但受先天条件所限,他的成绩并不理想。27岁时,巴菲特通过多年探索,做出了一生最为明智的一次选择,结合自身优势:耐心、对数字敏感,转行做投资人。这次定位,使巴菲特如鱼得水,在投资界的几十年,巴菲特依靠自己超人的耐性,始终坚守着三项原则——不贪婪、不跟风、不投机,坚定不移地在自己的职业道路上不断前进。

2006年,巴菲特正式向5个慈善基金会捐款375亿美元,这是美国乃至世界历史上,最大的一笔个人慈善捐款;2008年,巴菲特在《福布斯》排行榜上的排名,超过了比尔·盖茨,成为世界首富;2010年,巴菲特以净资产470亿美元,再次夺得《福布斯》排行榜"探花"之位,他被美国人评为"除了父亲以外最值得尊敬的男人"。

巴菲特本是个普通人,他的成就完全要得益于成功的转行。

纵观古今中外,成功者之所以能够获得成功,就在于他们能够发现自己的长处,懂得扬长避短,以自己最擅长的事与别人的短处相较量,乔丹如此,孔令辉如此,王蒙也是如此……

那么,我们自己的优势又是什么呢?只要我们能够在日常工作、生活中,不断地实践、总结,就不难发现自己身上的闪光点所在,而接下来要做的就是结合自己的优势,选择一条适合自己的人生道路,在最擅长的领域,找到一个最理想的位置,然后以百分之百的热情与努力去实现自己的梦想。

二十几岁的青年朋友必须明白，金无赤金、人无完人，我们要思考的不是如何去弥补自身的短处，而是如何最大限度地发挥自己的长处。我们必须清楚地认识到，有些事我们可以做，并且能够做好，但有些事情我们即便穷一生之力，也未必会有成效。如何选择，这一点对于我们至关重要。

6.以兴趣为基础，做好职业定位

事业是每一个人向上攀登的阶梯，如选错了职业，成功的希望就很小了。

20 岁出头、初入社会、匮乏经验的人，应该以什么为基准做好自己的职业定位呢？爱因斯坦曾经说："我认为，对于一切来说，只有热爱才是最好的老师，它远远超过了责任感。"伟人的感悟向我们揭示出一个道理，一个人在选择事业时，一定要"择我所爱，爱我所择"，只有在做自己最想做、最喜欢做的事情时，才会感到快乐，才能够倾注最大的热情，也就容易获得成功。

有一个年轻人，完成学业以后，依照父亲的安排，到自家的洗衣店工作。父亲希望儿子能够"励精图治"，尽快掌握洗衣店的经营技巧，以便将来接管"家族企业"。可是，男孩志不在此，他对洗衣店的工作毫无兴趣。所以，在洗衣店中，他总是一副无精打采、慵懒散漫的模样，除了勉强应付一下父亲交代的工作，男孩对于店里的其他事务一概视而不见。眼见儿子如此这般，父亲感到非常失望，他认为自己养了一个"废物"，使自己在员工面前很丢脸。

一天，男孩来到父亲面前，宣布自己要去做机械工人，因为他喜欢机械。父亲感到惊讶，表示了强烈的反对。但男孩没有向父亲妥协,他穿起了沾满油腻的粗布工作服。在机械厂工作,固然要比以往辛苦得多,但男孩却精神抖擞、神采飞扬,甚至一边工作一边吹起了快乐的口哨。

男孩一边工作,一边研习机械,研究引擎。当他1944年溘然离世时,已经成为世界航空业霸主——波音飞机公司的总裁,由他研究制造的"空中飞行堡垒"大型轰炸机,在第二次世界大战中,为盟军的胜利立下了汗马功劳。他就是美国的菲尔·强森先生。

试想一下,如果当年菲尔·强森没有尊重自己的兴趣,而是遵从父亲的意愿留在洗衣店中,历史还会记下菲尔·强森这个名字吗?他以及那所洗衣店又会面临怎样的结局呢?洗衣店倒闭,菲尔落得一贫如洗,终日以酒为伴、浪费人生。

一个人如果能够从事自己热爱的事业,他就是在接近成功。而一部分人之所以在进入而立之年以后,仍然一事无成,正是因为他们在选择职业时,没有发现自己的兴趣在哪、没有弄清自己想要的到底是什么。

二十几岁正是为人生奠定基础的关键时期,这时的职业选择更重要,它将决定一生的走向,如果能够选择一条自己喜欢的路来走,就会迈向成功。

需要强调一下的是,或许二十几岁的人,刚踏入社会的那一段时期,无法依据自己的意愿做出选择,不得不先赚一些钱来维生。但解决了温饱问题以后,是不是应该仔细认真地思考一下"我"将来要从事什么样的事业?如果这时你依然感到迷茫、举棋不定,不妨问自己,"我"愿意为一份不喜欢的工作消耗一生吗?"我"做什么事情才会感到快乐与满足?如果不计报酬,什么事情会令"我"心甘情愿地去做?当你能够给予自己一个满意的答案时,相信你离成功就不太远了。

7.此路不通，另寻途径

一个9岁的小女孩对迷宫情有独钟，无论迷宫多么复杂，她都能迅速地走出来。当小伙伴们向她讨教走迷宫的诀窍时，小家伙得意地说道："向左走走不通我就向右，向右走走不通我再向左；向上走走不通我就向下，向下走走不通我再向上。这样不就走出来了。"

是啊，"变通"，多么简单的道理啊！然而，就是这样一个连9岁孩子都能够掌握的人生哲理，却常令二十几岁的人"百思不得其解"。事实上，在现实生活中，很多年轻人在经历了实践与失败以后，都会为自己确定一条"最接近成功"的路，而当他们在这条路上遭遇障碍或走进死角的时候，往往不能静下心来思考一下"下一步应该怎样走"，为此他们之中的一些人会抱怨、会怀疑，甚至会因此退缩不前；而另一些人则会固执己见，撞了南墙也不肯回头，到最后非但一无所获，而且还落了个遍体鳞伤、头破血流的下场。

不知大家是否听说过这个实验。

将一块奶酪放在迷宫的一端，然后放一只老鼠在迷宫里，让它寻找奶酪。

第一天，老鼠在通道内左转右转，越过了一个又一个障碍，每次它发现通道的尽头没有奶酪时，都迅速调整，转向另一条通道，直到找到奶酪为止。

第二天，该人又让老鼠在迷宫内寻找奶酪。老鼠一进入迷宫，就直接奔向昨天发现奶酪的那条通道。可是，奶酪并不在这里。老鼠很迷茫，"不对啊，昨天明明就在这里的啊！"于是，老鼠趴在那里等待着奶酪的出现。显然，奶酪是绝对不会出现的，而老鼠就这样一直等了下去,直到饿死。

　　事实上,奶酪就在隔壁的通道上,只要老鼠能够变通一下,它就能够得到想要的东西。

　　有时我们就像实验中的那只老鼠一样,当自己选择的路行不通,即不能走近目标时,却依然要顽固地走下去,为什么?因为以前的经验告诉我们"这条路是对的"。

　　相信大家都听过这样一句话:"前途是光明的,道路是曲折的。"在我们所生存的地球上,没有一条绝对笔直的大道,人生旅途同样如此。人生一世,难免要遭遇挫折和障碍,一条路如果走不通,就放弃它,另选一条路来走,再走不通,就再选一条,直到找到一条可以走向成功的"康庄大道"为止。

　　在这一方面,流水绝对称得上是我们的榜样。涓涓细流,汇聚成溪;小溪流淌,投身江河;江河奔腾,涌入大海,最终获得了永恒的生命。这一路走来,它们所经历的障碍数不胜数,如果前方有高山阻路,它们就绕行而去;如果前方有闸门拦截,它们就蓄势待发,当闸门洞开时,一泻千里、奔涌而去……流水的柔韧与变通,成就了它们的命运,融入大海、永不枯竭。

　　所谓"舍得舍得,有舍才有得",放弃有时并不意味着失败,而只是为了寻找一条更为平坦、更为快捷的成功之路。在我们攀登的道路上,遇到死路并不可怕,只要我们能够坦然接受,及时变通,就一定可以一步步迈向成功。二十几岁的年轻朋友请记住,改道绕行,另寻途径,可以让你领略到更美丽的风景!

8.20 岁,别让别人看不起

多年以前,一位二十几岁的年轻人来到一家汽车公司做修理工。在他眼里,自己这样一个来自"穷乡僻壤"的毛头小子,能够在大城市找到一份稳定的工作,就是上天的眷顾。他与大多数年轻人一样,虽然怀揣着美丽的梦想,却极易满足于现状。

第一次领到薪水,年轻人决定让自己奢侈一把,去餐厅吃顿好的。要知道,在家乡,他可从来没有过如此"大胆"的想法。恰好距离公司不远处有一家豪华餐厅,年轻人未多想便走了进去。

他努力使自己看上去像个绅士,坐在那里安静地等待侍者为他服务。然而,侍者们在餐厅内往来穿梭,始终没有一人来到他的桌前。这也难怪,他那件沾满油污的工作服,无时无刻不在表露着自己的身份是汽车修理工,在这种高档餐厅中,服务生势利一点、对他这种身份的人怠慢一点,也是平常之事。

一刻钟过去了,年轻人终于忍无可忍,用手在餐桌上狠狠地敲了几下。一位侍者闻声而至,态度生硬地问道:"先生,你点什么吗?"

年轻人接过菜单一路看去,菜单的左边是菜名,而右边则标注着价格,他发现,越是自己想吃的菜,价格越高得吓人,如果一味照顾自己的口味,那么口袋里的钱估计就要一扫而光了。

侍者看到他犹疑不决,有些不耐烦了:"先生,你没必要看得那么仔细,你只要多留意右边的部分就可以了。"很明显,侍者在暗示年轻人:像你这种身份,只要挑选一个适合自己的价格就可以了,没资格照顾自己的口味。

听闻此话,年轻人惊愕地抬起了头,瞬时他看到了一张丑陋的脸,这上面写满鄙夷、轻蔑、嘲笑与不耐烦,年轻人火从心起,他恨不得将口袋里的薪水全部拿出来,点一道餐厅中最贵的菜,让这个"势利小人"好好开开眼。不过,年轻人很快便冷静下来,他告诉自己"我本就是一个穷人,他轻视我也很正常,如果我想得到别人的尊重,首先要成为值得别人尊重的人。"同时,他又想起了母亲在自己临行时反复叮嘱的那句话:"你必须面对生活带给你的不愉快,你可以去怜悯别人,但绝不可以怜悯你自己。"

于是,年轻人做出了一件令自己非常不痛快的事情:"请给我一份汉堡!"侍者冷哼一声,似乎在说:"你也只配吃一份汉堡。"年轻人并没有理会侍者的嘲笑,吃完汉堡,他对自己暗暗发誓:终会有一日,我要成为真正值得别人尊重的人。

后来,这位年轻人果然成了全美国甚至是全世界都尊重的人,他的名字叫"亨利·福特"。

二十几岁正值青春年华,当遭遇别人轻视时,与其抱怨这个世界太现实、太势利,不如扪心自问"别人为什么会轻视我?而我又凭什么要别人来尊重?"客观地说,势利也是一种鞭策,它能够使人知耻后勇,驱使人们不断创新、提升自己。

然而遗憾的是,很多年轻人看不到这一点,他们在遭遇挫折或被人嘲笑后,非但没有奋发图强,反而接受了命运的摆布,就此一蹶不振,在游戏人生中,逐渐失去了创大业、成大事的激情与能力,变成了人们眼中的"废人"。

综观古今中外,但凡能够成就一番事业的人,无不具有惊人的韧性以及非凡的勇气,他们毫无畏惧,将屈辱视为鞭策;他们自信满满,不肯屈于人后,绝不让别人走在自己前面探路;他们意志坚定、刚强果断,从不放过任何一个可能成功的机会。所以,他们成功了,也赢得了别人的尊重。

二十几岁,你该怎样去做?是将上天赋予你的才能弃之不顾,随波逐流,昏昏然度日?还是鼓起勇气,激发潜能,向世界宣布"我要成就人生,要赢得别人的尊重"?

二十几岁,不能成为别人眼中的"废人",即使上天赋予你的,只是做裁缝的能力,你也一定要有成为"世界制衣大王"的信念。

在二十几岁的字典里,不该有"怯懦"二字;在二十几岁的人生中,不该畏缩;二十几岁,必须将自己定位为"成功者";从二十几岁起,就要立志做命运的主人,要消除一切羁绊,扫除一切障碍,与威胁成功的颓废、畏缩、低迷决绝。

二十几岁,千万别让别人看不起!

第二章
20 岁确立目标,30 岁才能成就梦想

二十几岁的时候野心勃勃,充满玫瑰般的梦想,但到了而立之年,却依然一事无成。为什么呢? 因为大部分人不知道自己生活的目标,关于生活方式、经济能力、工作与休闲以及成就感的来源等生命重大课题,没有一个清楚地看法。正确的做法应该是,在二十岁的时候就为自己确定一个明确目标,才能在以后收获梦想果实。

1.成功者的法宝——目标与追求

爱迪生说过："若想获得成功，首先必须设定目标，然后集中精力向着目标迈进。"二十几岁的人，目标就是人生航道上的灯塔，激发你不断进取的欲望。

二十几岁是人生、事业的起点，若想有所成就，从现在开始，我们必须为自己确立一个明确的目标。这是因为，没有目标的支撑就会丧失追求的动力，就无法把握自己的人生轨迹。

所以，请不要再自怨自艾，喟叹命运弄人，抱怨自己空有梦想，却没有条件去实现。其实，你不是被上苍忽略的人，造物主是公平的，它赋予了每个人成功的权力与能力，关键要看你如何去把握。很多出身贫寒的年轻人，在没有资本、没有学历、没有任何优势的情况下，同样开创出了属于自己的一片天地，登上了事业的巅峰，因为他们拥有远大的理想，相信自己有能力实现梦想。

提及"老虎"伍兹，相信大家一定熟悉。这位美国高尔夫球手，在 2009 年的排名居世界首位，被业界公认为历史上最成功的高尔夫球手之一。

不过，伍兹的童年生活可并不好过。这个黑人男孩成长于洛杉矶的一个贫民区，全家十余口人挤在一所破房子中，偶尔能填饱肚子，就是他很值得高兴的事情了。

伍兹自幼体弱多病，学习成绩又不理想，因此父亲对他不抱什么期望。一天，小伍兹看到了高尔夫球员尼克劳斯的访谈节目，他被触动了,从那一刻起,伍兹下定决心:将来一定要成为尼克劳斯一样伟大的高尔夫球员。

于是,伍兹请求父亲送他一副高尔夫球具,但父亲的回答却是"孩子,高尔夫球是有钱人的游戏,我们玩不起!"伍兹不依不饶,母亲跑过来抱起他,冲着父亲喊道:"我相信他一定能够成为优秀的高尔夫球手!"转而又温和地对伍兹说:"宝贝,等你成了高尔夫球手,就给妈妈买栋大别墅,好吗?"伍兹认真地点了点头。

拗不过母子二人,父亲为伍兹自制了一根球杆,并在自家的空地上挖了几个洞,伍兹每天都要用捡来的球,在这个简易球场上苦苦练习。

伍兹高中毕业后,幸运地考入了斯坦福大学。暑假期间,他的一位好友邀伍兹去一艘豪华游轮上做服务生,据说每周有600美元的薪水。伍兹心动了,每周600美元,这能够帮助家里减轻很大的负担。

这时,一位改变伍兹一生的人出现了,他的中学体育老师奇·费尔曼先生来到了伍兹家。费尔曼告诉伍兹,他已经帮助他联系了一家高尔夫俱乐部。伍兹感到尴尬,他低声告诉费尔曼老师,自己准备去工作了。费尔曼沉默片刻,突然问道:"孩子,告诉我,你的梦想是什么?"伍兹心头猛地一震,脸红道:"像尼克劳斯一样,当一名伟大的高尔夫球员,为母亲买一栋大别墅。"

费尔曼高声问道:"你现在去工作,每周可以挣到600美元,这很了不起吗?那你的梦想呢,难道它就值每周600美元吗?靠着每周600美元,你买得起大别墅吗?"

费尔曼老师的话如当头棒喝,令伍兹瞬间惊醒,曾经确立的梦想不断在伍兹脑中闪现:"我要成为像尼克劳斯一样伟大的高尔夫球员……"

伍兹接受了费尔曼老师的好意,在高尔夫俱乐部苦练球技。

伍兹在18岁时,便摘得了全美业余高尔夫球赛的桂冠,然后又前无古人地在 1994、1995、1996 年连续捧起该项赛事的金奖，1999 年伍兹一跃成为世界排名第一的高尔夫球手，并在 2002 年成为继尼克劳斯之后，首位连续获美国大师赛、美国公开赛大奖的高尔夫球员，实现了自己儿时的梦想。

泰格·伍兹之所以能够取得今天的成就，就在于他始终没有忘记自己的目标与追求。由此可见，无论我们身处哪一领域，若想获得成功，必不可少的一个条件就是要拥有一份对自己、对家庭、对事业的目标与追求，然后全力以赴，最终才能成就卓越的人生。有句话说得好："成功的道路是目标铺出来的！"它向每一位二十几岁向往三十而立，却依旧浑浑噩噩的年轻朋友敲醒了警钟——人生要有目标，人生不能随便！

不得志时，不妨问问自己："我为什么会是一个失败者？"其实，答案已经非常明显，就是因为你缺少明确的人生目标。目标是一个人内心最为坚定的信念，是最有力的支撑，若能一心向着目标前进，全世界都会为你让路，为你喝彩！

2.人生目标须以自身条件为基准

一个大学生在街上闲逛，发现了一个捞鱼的摊子。摊主向前来捞鱼的人提供渔网，捞起的鱼归捞鱼者所有。

大学生一时来了玩兴，俯下身捞起鱼来，可是他一连捞破了几张渔网，也没能将自己想要的那条鱼捞上来。看到摊主似有嘲弄地望着自己，大学生懊恼不已，忍不住高声嚷道："老板，你这渔网太薄了点吧！几乎一沾水就破，这样的网怎么能捞起鱼来呢？"

摊主回答道："小伙子，看样子你也念过不少书，怎么连这么简单的道理都不懂呢？你一心想捞起自己看中的那条鱼时，你是否考虑过自己手中的网能否承受得起它的重量？有追求自然是好事，但也要懂得衡量自己啊。"

"但我还是觉得你这网做得太薄了，用它根本没法将鱼捞起来。"

"小伙子，看来你还是没有参透捞鱼的道理。其实，捞鱼和人们盲目追求爱情、事业、金钱大有异曲同工之处，当你沉迷于眼前的目标时，你想没想过自己是否具备这个实力？"

一语惊醒梦中人！是啊，当我锁定某一目标时，是否衡量过自身的实力、考虑过自身的条件呢？事实上，随着物质生活水平的不断提高，很多二十几岁的年轻人在具备一定物质基础、积累一定经验以后，逐渐失去了客观判断能力。这种情况下，多数年轻人会产生一种错误的想法："别人有的一切我都可以拥有"。这时，他们的目标已经脱离了实际，不再与自身条件匹配。

例如，很多年轻人看到邻居、朋友购置了某类高档电器，就会认为"别人有的，我也该有"，因此不惜"透支"，而成了不断还债的"卡奴"；又比如，很多年轻人在找工作时，不考虑自己的兴趣、能力，而是一心希望得到一份既高薪、又安稳的工作，因此陷入"眼高手低"的恶性循环，直至韶华已过，依然一事无成……

任柳在某机关从事文职工作，她每天下班回家的第一件事，就是为自己精心打扮一番，因为在任柳心里，一直装载着这样一个梦想：要成为一名职业模特。

为此，任柳经常请假参加各种模特选秀比赛，结果得到的却是一次又一次的失败。事实上，任柳的身高只有164厘米，而体重却达到了60公斤，这样的身材与职业模特的标准差距很大，不过任柳却乐此不疲。

由于任柳经常请假外出，上司找她谈过几次，暗示任柳"如果这样下去，单位会考虑另选他人来做这份工作"。然而，任柳并没有把上司的话放在心上，她依然我行我素，似乎在她心中，只要坚持，自己的"模特梦"就一定能够实现。

劝诫无果，单位最终决定终止与任柳的雇佣关系。对此，任柳并不在意，因为这份工作对她而言，早已可有可无，现在，她可以全力以赴去实现自己的梦想了。

就这样，任柳不断地尝试，又不断地失败。30 岁以后，当同学们都已在各自岗位上有了一定的作为时，不再年轻的任柳只能苦叹"红颜薄命""天不见怜"……

任柳就是一个"自不量力"的典型，她之所以一次一次地失败，就是因为其缺乏实现目标的必要条件。由此可见，选择目标时，绝不可以冲动与盲目，要将目标设定得恰到好处，在实现目标的过程中，才能多些助力，少些阻力。

具体来说，我们在制定目标时，必须要考虑以下几点。

第一，自身兴趣。兴趣是最好的老师，只有对某一事物充满兴趣，你才会有激情、有动力做它。

第二，自身能力。能力与优势，是一个人成就事业的关键因素，目标脱离了自身能力，势必会遥不可及。

第三，经济条件。一个人想要购置某些物品或自己创业，首先要考虑自己的经济条件，要"量入计出"。否则，你很有可能会成为债务的奴隶，或是因为启动资金及后续力量不够而功败垂成。

第四，人际条件。如果可以在自己的交际圈中，找到可以帮助你发挥优势、成就事业的中坚力量，做起事来会收到事半功倍的效果。

总而言之，二十几岁的年轻朋友若具备以上几点，选定的目标就是可行的，不会让你置身于"空中楼阁"之上，盲目追寻不适合自己的目标。

3.盲目努力 = 无用功

美国学者经过多次统计发现,人在退休以后,患病死亡的概率明显升高。这是为什么呢?心理学家认为:人在某一岗位上工作多年,工作就会成为他生命中的一部分,一旦失去,就会感觉丧失了生活的目标,甚至无法为自己找到活下去的理由。

同样,如果一个人到二十几岁时,依然没有确定的目标,很容易就会迷失人生的方向,感觉人生毫无生机。事实上,大多数找不到人生价值的年轻人,都应责怪自己没有找到有价值的人生目标,他们不知道自己将来会驶向何方,在这种漫无目的的生活中,怎么会有所收获呢?

有人做过一个实验。他将一队毛虫放在花盆的边缘上,让它们排成一圈,首尾相连。这些毛虫开始爬动,犹如一个圆形队伍,不断地沿着花盆边行进,周而复始。这时,该人在毛虫队伍旁边放了一些食物,只要这些毛虫旁顾一下,就可以吃到美食。此人认为,用不了多久,这些毛虫一定会厌倦毫无意义的爬行,调头爬向食物。但毛虫并没有像他设想的那样,而是一直爬了七天七夜,直至饿死。

这说明了什么?毛虫墨守成规,虽然一直在不断前进,但由于没有一个鲜明的目标作为指引,就只是周而复始地"转圈圈",最后在自己的盲目中走向了死亡。其实,许多20几岁的年轻人,恰如毛虫一般,他们工作起来很努力,却一直没有什么成果。他们自以为只要努力就会有所成就,却不知道盲目做事,即是在做"无用功"。我们知道,吃饭是为了充饥,喝水是为了解渴,穿棉衣是为了避寒,购房是为了住得舒适,买车是为了行得方便。但很多时候,我们却不清楚自己工作、努力的目标是什么。这使我们犹如"没头苍蝇"一样，四处乱撞，往往会因为目标不够明确，做出一些吃力不讨好的事情来。

　　某机械厂，师傅正全神贯注地工作，徒弟在一旁仔细观摩、学习。过了一会，师傅对徒弟说："你去给我拿一把管钳子来，我要……"师傅的话还没有说完，徒弟便一溜小跑，去了工具间。

　　过了半天，徒弟气喘吁吁地跑了回来，手里提着一把最大号的管钳。师傅看了一眼，怒道："谁让你拿这么大号的？"徒弟很不服气，心想："你又没告诉我拿多大的，难道我拿的不是管钳子吗？"

　　"快去换把小号的来，我要拧紧这个螺母。"师傅有些不耐烦地向下一指，徒弟一看，自己确实拿了一个不合适的工具，于是，只得再跑一趟工具间。

　　仔细回想一下，在你的人生道路上，是否也出现过类似的情况？例如，上司让你写份材料，你没有弄清具体要求就仓促动笔，结果材料写好以后，被上司打了一个大大的"红叉"；又比如，高考时你在大家的建议下，选择了修学"法律"，但在学习过程中你逐渐发现，原来自己志在"文学"而不是"法律"，选错了专业，你只能等到完成学业以后，再去自修"文学"，时间就这样在盲目选择中悄然而逝……

　　为避免类似情况，青年朋友在二十几岁时，请务必尽早定下一个明确目标。倘若你有了目标，找到了明确的方向，并且又能够定期去审视目标，自然就不会多走弯路。你会很自然地将目光从努力过程转移到努力结果上来，这时你会发现，自己以往那种漫无目的的努力是何等的愚蠢，你就会不断督促自己做出足够的成果来实现目标。

　　要实现人生的一切梦想，努力当然不可缺，但是在行动之前，一定先弄清自己为什么而努力，什么才是自己真正想要的。

4.一心不可二用

在全球第一个将 IC 带至世人面前、半导体领域的领航者德州仪器公司，盛传着这样一句话："写出两个以上的目标就等于没有目标！"

综观古今中外，但凡在人生中有所建树的人，都有一个共同点：将时间、精力集中在一个目标上，专心致志，全力突破。美国著名人际关系学大师、成功学大师，有"成人教育之父"美誉的戴尔·卡耐基，在分析、总结了诸多失败者的案例以后，同样得出了这样一条结论："年轻人事业失败的一个根本原因，就是精力太分散"。

事实确实如此，看看我们身边或是曾有所耳闻的失败者，他们几乎都将精力分成了几份，或是不断地更换职业、重定目标，又或同时在几个领域中往来穿梭。他们直至失败还没有认识到，这个世界上，没有任何一种力量能够像"专注的目标"那样，引领人快速地走向成功，学历不能、才情不能、努力同样不能，一个人的目标如果总是漂移不定，那么他的人生注定是失败的人生。

很多年以前，有一个叫贾金斯的年轻人，他从未拿下过学位，而他所接受的教育也一直没有发挥过作用。

贾金斯无论做什么事都有始无终。有一段时间，他曾一门心思地攻读法语，可不久发现，如果想要真正学好法语，首先必须对古法语具有一定的了解，可是要想掌握古法语，在拉丁语方面没有一定的造诣也是不行的，而学会拉丁语的唯一途径，就是学会梵文，于是，贾金斯决定先从梵文学起，只是如此一来，就更加旷日费时了。

贾金斯没有固定职业，但他从先辈那里继承了一定的财产。他先从中拿出 10 万美元，开办了一家煤气厂，但制造煤气的煤炭价格较为昂贵，使他入不敷出，亏了一些本钱。他便以 9 万美元的价格将煤气厂兑了出去，办起了一座煤矿。但他没有想到，采矿所需的机械投资，数额同样大得惊人。没有办法，贾金斯只得将煤矿的股权变卖，得到 8 万美元以后又转入煤矿机械制造业……就这样，贾金斯犹如一个熟练的"冰上舞者"一般，在各个相关行业中不断地滑进滑出，始终没有做成一件事情。

贾金斯有过几次恋爱经历，结果都不理想。他曾对一位姑娘一见倾心，不能自抑，也向姑娘表明了心迹。为了使自己能够与佳人相匹配，贾金斯开始刻意培养自己的精神品质，报名参加了一所星期日学校，可仅仅学了一个半月，就不再去上课了。2 年后，当他自认配得上对方、可以开口求婚时，佳人早已投入了别人的怀抱。

一段时间以后，贾金斯又疯狂地爱上了一个美丽的姑娘。这位姑娘有五个妹妹，贾金斯第一次到姑娘家拜访，就喜欢上了姑娘的二妹，接下来又喜欢上了三妹……最后，一个也没有谈成。

一个摇摆不定的人，注定无所作为，贾金斯在不断更换目标的过程中，变得越来越落魄。最后，他卖掉仅剩的一项产业，购买了一份逐年支取的终身年金。只是，可支取的金额逐年减少，贾金斯若是长命百岁，势必会尝到挨饿的滋味。

贾金斯式的人永远不可能获得成功，因为他的目标一直在变动，如此，就不得不在各个领域空耗精力。这完全是一种缺乏智慧、目标混淆的体现，这种愚蠢的做法除了带来失败，还能带来什么呢？

所以，二十几岁的人有所建树，就一定要确定合适的目标。这就如同儿时用凸透镜聚光燃纸一般，只有将光聚在一点，才能使纸片燃烧，如果聚光点不断移动，纸是不会燃烧起来的。

5.选择最易实现的目标

19世纪初,拿破仑·波拿巴统帅近7万大军,远征维也纳,进而又乘胜追击俄奥联军,转战摩拉维亚。1805年年末,一举击溃了库图佐夫元帅统领的9万俄奥联军,取得了奥斯特利茨战役的胜利。

这位叱咤风云的法国皇帝对此感到非常满意,于是准备"犒赏三军",便对勇猛的部下们说:"你们打算要什么?尽管说出来,我会满足你们的。"

一位部下提出:"我要率军收复波兰!"

拿破仑立刻回答:"这不成问题。"

又一位部下提出:"我在未追随您之前是个农民,对土地有着深厚的感情,我想要一块属于自己的土地。"

拿破仑允诺:"你一定会有属于自己的土地的!"

一位将领说:"陛下,我爱喝酒,我想得到一个酒厂。"

拿破仑毫不犹豫:"那就给你一个酒厂。"

这时,一位功臣说:"陛下,如果可以的话,我想请您赏赐我一条鲱鱼。"

拿破仑笑了笑:"好家伙,就赏给他一条鲱鱼。"

拿破仑离开以后,众人围拢过来,纷纷对该人的选择表示不解。那人答道:"你们向皇帝要土地、要酒厂、要收复波兰的统军权,皇帝虽然答应了,但兑现的可能小之又小。我比较现实,只要一条鲱鱼,或许真的能够得到。"

这位大臣显然是智者,他非常清楚,在我们行进的人生道路上,最佳目标往往并非最有价值的那个,而是最易实现的目标。

在国外，某知名媒体曾对外举行一次有奖竞答，其中一题如下：

"如果法国最大的博物馆卢浮宫发生火灾，火势凶猛，现有的条件只允许你抢救出一幅画，你会选择哪一幅？"

对此，答题者各陈己见，众说纷纭。有人认为，应该先抢救达·芬奇的名画《蒙娜丽莎》；有人认为，要先救梵高的《向日葵》……但所有人都有一个共同点，即抢救自己认为最有价值的那幅画。

其中，只有法国作家贝尔纳的答案与众不同，他的回答是抢救距离门口最近的那幅画。这一答案得到了评委的一致认可，贝纳尔也因此获得了答题的奖金。

贝纳尔的回答非常睿智。试想，在火势凶猛的情况下，倘若固执地寻找自己认为最有价值的那幅画，那么或许在找到目标以前，我们就已经化做烟灰了。退一步说，即使真的能够在茫茫火海中找到那幅画，那么谁又能保证它依旧完好无损呢？一幅已经烧得不成样子的画，即使能带出来，又有多大意义呢？但是，倘若我们能够转换思维，去抢救距离门口最近的那一幅，虽然它的价值未必最大，但成功的概率一定是最大的。

二十几岁是躁动的年龄，所谓年轻气盛。这一年龄段的人大多志存高远、意气风发，都想成就一番大的事业。不过也正因如此，往往会将"幻想"与"理想"相混淆，追求不切实际的目标，结果落了个灰头土脸、四处碰壁的下场。

当然，作为年轻人，胸怀抱负、志向远大这绝对没有错，但务必记住一点，"做我们能做的，成为我们能成为的，是生活的唯一目标。"

6.细化目标

科学家们做过这样一项实验。以30个人为实验对象,平均分成三组,要求各组分别走到50千米处的一个村落,观察各组人员完成任务以后的反应。

第一组人员的情况是路程、目的地不详,他们的任务就是随着领队前行。结果,刚刚走了1/5的路程,组员们便开始抱怨;走到2/5的距离时,组员们开始叫苦不迭;走到3/4处时,大部分人已经发起火来;走完全程以后,所有人的脸上都带着极度的沮丧与愤怒。统计结果是,这一组花费的时间最长,而且情绪也最为低落。

第二组大目标确定(已知村落的名字),也知道具体路线,但沿途未设路牌,无法预计时间与速度,只能依靠经验判断。结果,走到1/2处时,已有人开始询问领队;走到3/4处时,大多数人出现消极情绪;到达终点以后,所有人都苦不堪言。

第三组方向、目标、具体路线详知,且沿途设有路牌作为指引,领导佩戴手表告知大家行进速度、剩余路程。第三组成员以每一个路牌为小目标,逐次完成,一路上大家欢声笑语、相互调侃,不知不觉便走完了全程。统计显示,第三组所花费的时间最短,而且也是情绪最好。

这一实验说明,看不到目标,会使人产生懈怠、恐惧、愤怒的情绪。如果能够将目标具体化,细化成若干等分,并不断明确进展速度,人们就会自觉地克服困难,以轻松的心情迎接挑战,努力达成目标。

美国作家弗兰克·A·格拉顿,因受威廉·科贝特影响,25岁时辞

去了收入稳定的记者工作，全身心地投入创作。但由于丧失了经济来源，生活逐渐陷入困境。有时，为了躲避房东催租，不得不在大白天"东躲西藏"，这种情况下，要何时能实现自己的目标，写出一部脍炙人口的作品呢？他有些迷茫。

这天，正当格拉顿在 42 号大街漫无目的地游荡时，偶然遇到了自己当年采访过的一位"大人物"俄籍犹太裔著名歌星夏里宾先生。所幸，这位红极一时的明星还记得格拉顿，寒暄过后，格拉顿忍不住向夏里宾道出了自己的境遇与苦恼。对此，夏里宾并未发表意见，只是建议道："我住在 103 号大街，我们一起走过去，如何？"

"什么？103 号大街这么远，怎么可能走过去？"格拉顿摇了摇头。

"你说的也有道理，从这里到我住的宾馆要穿过 60 条街道，步行起码要花两个小时，那就别去我的住处了，咱们再往前走 6 条街道，去贝里射击场放松一下吧。"

对夏里宾的这一建议，格拉顿没有表示反对，反正只有 6 条街道，一会就走过去了。到了射击场，二人看了片刻热闹，便继续前行，又来到了长纳奇大剧院。夏里宾兴致高涨："再往前走五条街就是中央公园了，我们去那看看大猩猩吧！"就这样，他们边走边玩，不知不觉就进入了 103 号大街。

花了近 4 个小时，二人走完了 60 个街口，原应腰酸腿软，却没有感到疲惫。

夏里宾下榻的宾馆附近有一家不错的餐馆，在这里，格拉顿听到了令他受用一生的一席话："今天这次长行，希望你能够记在心里。无论你与自己的目标相距有多远，都要学会轻松走路。只有这样，你在接近目标的过程中才不会烦躁、迷茫，才不会在遥远的距离面前望而却步。""这是从生活中总结出来的一个经验，你的目标无论距离自己有多远，都不要懈怠、畏惧，你只需先将精力集中在 5 条街道的距离上，别让遥远的未来搅得自己心神不宁……"

听了夏里宾的话，格拉顿有醍醐灌顶之感。后来，他成了美国著名专栏作家。在夏里宾与世长辞之时,已是知名小说家的格拉顿写下了一篇优美的纪念文章——《只有五条横街的距离》。

许多二十几岁的人,所以在成功的路上折戟而返,往往不是因为成功的难度太大,而是觉得目标距离自己太遥远。换句话说,我们并不是因为失败才不得不放弃,而是因为胆怯而走向了失败。如果我们能聪明一点,将目标化整为零,把长距离分成若干个短距离,然后分阶段实现它。那么,我们就可以因不断成功,激发出更大的动力去实现下一个目标……

我们每个人都有一条漫长的人生路要走,如果因为目标遥远而丧失信心、裹足不前,你的人生永远称不上完整。如果将遥远的目标分解成一个个"五条横街的距离",脚踏实地地走下去,那么就一定可以一步步走出精彩的人生。

7.持续制定后继目标

法国现实主义文学家巴尔扎克曾说:"每个人的一生都有一个顶点……"那么,刚刚二十几岁的我们,是不是要一生只满足一个"顶点"呢?当然不是,仔细想想,成功的动力来自哪里?毋庸置疑,源源不断的动力需要一个值得努力的目标作为支撑。每一个追求自我超越的人,都会不断为自己制定新的奋斗目标,只有在一次次的超越中,才会感受到快乐与充实,才会活得神采飞扬。

看看那些容光焕发的人,他们之所以活得那么有劲,就在于他们心中始终有一个值得追求的目标。而有些人之所以觉得人生毫无意义,甚至在彷徨中走向死亡,恰恰是因为当初那个目标实现以后,没有后继目标来填补内心的空虚。

　　年轻的亚瑟尔，是美国纽约一名警察。在一次追捕犯罪嫌疑人的过程中，不幸负伤入院。3个月以后，当家人将亚瑟尔从医院中接出来时，他已经成了一个又瞎又跛的残疾人。当然，亚瑟尔因此得到了美国政府授予的功勋章。

　　出院以后，纽约有线电视台对亚瑟尔进行了采访，记者问"您是如何面对自己的不幸，如何抵抗身心的摧残"时，亚瑟尔坚决地回答说："我现在只知道罪犯还逍遥法外，我一定要亲手抓到他！"

　　亚瑟尔不顾亲朋好友的劝阻，"固执"地参与抓捕该罪犯的行动。为此，他几乎追遍了整个美国。有一次，为了小小的一条线索，行动不便的亚瑟尔甚至一个人乘飞机跑到了欧洲。

　　法网恢恢，疏而不漏，虽然已经过了9年，但那名罪犯最终还是在亚洲某一小国落网了，而亚瑟尔则在这次抓捕行动中，发挥了极其重要的作用。在庆功会上，亚瑟尔再次披上了"英雄"的光环，他被多家媒体誉为"全美国最坚强、最勇敢的人"。

　　然而，就是这位"全美最坚强的人"，却在不久后，选择了在卧室中割腕自杀。人们在亚瑟尔留下的遗书中，发现了他自杀的原因。遗书中这样写道："多少年来，唯一支撑我活下去的信念就是抓住凶手……如今，伤害我的人已经落网，他被判了刑，得到了应有的惩罚，我的仇恨也就此被化解了。可是突然间，我发现自己生存的信念竟然也随之消失了。自己又瘫又瞎，我竟不知如何面对，我从来没有如此地绝望过……"

　　人类的老化并非始于身体，而是始于精神。一个人失去了精神支撑，就会变得如同行尸走肉一般。其实对于亚瑟尔而言，身体上的残疾并不算什么，他选择死亡的根本原因，是因为没有了后继目标作为补充，即他没有了活下去的理由。

　　所以说，每一个二十几岁的人，若想在人生的道路上始终保持高涨的热情与冲劲，就必须在实现了前期目标以后，马上制定一个足以让自己心动的后继目标。唯有如此，才能将以往追求目标时的拼劲,完整地保存下来,才能使自己的人生意义得到延续。

其实,每一个人的人生目标都应该是动态的,应该是不断向前发展的。世界第一高峰珠穆朗玛峰,时至今日仍在不断提升自己的高度,所以即使你攀上过它的顶峰,却不能说你已经征服了它的高度。我们的人生理应如珠峰一般,要不断将已经实现的目标作为新目标的起点,要展现出不断向上伸展的浩然气魄。

8.锲而不舍,全力以赴

目标是成功的原动力,它可以是一个人、一件事,也可以是一种高度。目标是一种追求,没有人一出生就准备固守平淡,每个人都拥有自己的梦想,都渴望着自己的愿望能够实现,可是,又有多少人最终能够达成自己的目标呢?

的确,成功对于任何人而言都不是轻而易举的事情,我们不得不承认,成功往往只是少数人的果实,然而我们更应该承认的是,也只有少数人才肯为自己的理想锲而不舍、全力以赴,即便屡屡受挫,也不放弃,所以他们在坚持中稳稳抓住了胜利。

明末清初,我国出了一位著名历史学家谈迁。谈迁原名以训,字仲木,号射父。明朝覆亡以后,遂改名为"迁",字孺木,号观若,自称"江左遗民"。其人博览群书,精通诸子百家,对明史尤为倾心。

公元 1621 年,谈迁母病故。28 岁的谈迁守孝在家,这段期间他翻阅了不少明代史书。凭借渊博的学识,发现这些史书中存在着诸多错漏之处。于是,谈迁立下志向,要在有生之年编写一部符合明代历史的史书。

次年,谈迁开始撰写明代编年史《国榷》。从这时期,谈迁便终年背着行李远走,四处借书抄阅,收集资料,"饥枣渴梨""市阅户录",历经五年完成初稿。此后,谈迁对《国榷》进行修订,六易其稿,积26年之功,在1645年撰成了这部400万字的史学巨著。

然而,天有不测风云。两年以后(顺治四年),谈迁的书稿在一夜间被小偷全部盗走。为此,谈迁悲痛万分,大哭了一场。此时的谈迁已五十有余,体弱多病,行动不便,记忆力也有所减退,著书立说已难胜任。但谈迁没有因此气馁,他振作精神,发奋重写。

谈迁再次奔走四方,搜寻资料。4年以后,新稿终于完成。1653年,花甲之年的谈迁携新稿远赴北京,利用两年半的时间,拜访明朝遗老、故旧,搜寻明朝的逸闻遗史,考察历史遗迹,补充、修正新稿。前后历30余年,终于完成了这部史学巨作。

与之相反,在一幅漫画中却出现了这样一个场景;某人为了寻水,在地上挖了很多口井,但每一口井的深度都与地下河有一定距离。其中最深的一口距离水源,只有十几厘米。每一次他都没有继续下去,他一边对自己说"这里没有水",一边扛起工具,另寻他处再挖。结果,到最后没有一口井涌出水来。不难想象,如果画中人能像谈迁一样,看准一个可行目标便集中全力、雷打不动地掘下去,那么他早已品尝到甘甜的清泉了。

看看那些在人生中、在事业上遥遥领先的人,他们无不执著地追求,他们披荆斩棘、一往无前,向着光明的目标不断地前进……他们虽然也曾跌倒,甚至摔得很重,但依然顽强地奔向终点。当他们攀上一座又一座高峰,回忆这一路走来"雄关漫道、荆棘丛生"的时候,心中流淌的一定是赢得成功的无限甘甜。

只是可惜,大多数二十几岁的年轻人,不具备"锲而不舍、全力以赴"的意志,一旦遭遇挫折,就会毫无原则地"缴械投降",还有一些人在距离目标仅剩一步之遥的时候,丧失了信心与耐心,选择了放弃。他们没有坚持到最后,自然也不会知道,目标其实已经离自己很近。

这就是我们想要的结果吗？二十几岁的人难道真的甘于平庸吗？如果不，那么从这一刻起，就请认真地整理自己的梦想，然后像希腊士兵马拉松一样，为了自己的目标全力以赴，一直跑到终点吧！

9.二十几岁,这些事情要注意

在这两章中，我们围绕二十几岁的"人生定位"以及"人生目标"进行了具体、详尽的讨论。从中可知，在二十几岁的黄金年龄段，一个正确的定位、一个远大且有意义的梦想，将决定一生的命运。

那么，在为自己做好人生定位、确立了明确的目标以后，在追求成功的过程中，还有哪些细节问题需要注意呢？在本章的结尾，我们不妨一起去看看，二十几岁的人，有哪些事情容易使我们犯迷糊、容易让我们陷入误区。

(1)第一种——急于求成是通病

二十几岁的年轻人刚刚踏入社会，怀着美丽的梦想，恨不得立刻插上一双翅膀，一下子飞上人生的巅峰。然而，这种急于求成的心态，会使他们夭折而返，甚至会令很多人开始怀疑自己的能力，丧失"爬起来"的动力。

一位农夫在自己的菜园中栽了两棵树苗。其中一棵，在扎根之初，就立志长成一棵参天大树，于是它竭力地从地下汲取营养，并将其储备起来。它一直计划着如何长得更加茁壮，所以在最初的几年里，它没有开花结果，这令农夫大为恼火。另一棵树，同样拼命地自地下攫取养分，但它的目标是早日开花结果，而它也确实做到了，农夫感到很高兴，经常为它灌水施肥。

两年以后，那棵久不开花的果树，由于储备了养分，身体强壮，终于结出了又大又甘甜的果实。而另外一棵,由于还未成熟,便过早地开花结果,所以它的果实苦涩难咽,而且自己也因此累得弯下了腰。看到这种情况,农夫感叹之余,只好将它砍倒当做柴烧。

俗话说"心急吃不了热豆腐"。万事万物都有其特定的规律,揠苗助长不会得到好结果。二十几岁的人切不可急功近利,奢望一口吃成胖子。而应将目光放远,聚沙成塔,集腋成裘,在成长的过程中不断充实自己,然后厚积薄发,方可有所作为。

(2)第二种——有目标,没期限

任何目标,都需要设定一个期限完成。大多数二十几岁的人,虽然了解了目标的重要性,也在为自己的人生勾画着宏伟蓝图,但他们却不知道为目标设定一个合理的期限,因而功败垂成。

张晓从16岁那年开始,每年为自己设定10个目标,直至21岁,目标已达50个。但遗憾的是,这些目标却没有一个实现。

这是因为,张晓几乎犯下了所有失败者所犯的错误——目标不切实际,没有预定期限,缺少具体计划,不做进程审视……设想一下,当如此多的错误包围着你,你还有可能在人生的道路上脱颖而出吗?

人活着不能靠运气,或许你偶尔走运一次,但谁能保证它会一直眷顾着你?所以,二十几岁时一定要规划好自己的目标,为自己的目标设定期限,你才会紧迫起来,才能努力地去实现目标。

(3)第三种——不懂得为目标排序

如果将每一个渴望都算做一条目标,那么,一年之中我们至少会产生十几,甚至几十个目标。多数二十几岁的年轻人在目标出现以后,不懂得为它们安排一个合理的顺序,这使得他们的时间管理、目标管理混乱,经常在同一时间段从事多种事务,所以效果大多不理想。

笔者认识一位歌手,小伙子20岁出头,有一副好嗓子,歌唱得不错,但是事业一直不能协调发展。小伙子很喜欢唱歌,立志在这一行有所发展。怎奈,目标常很混乱,不懂得为理想排个顺序,弄得身心疲惫。比如,在夜场演出、声乐学习、短期目标这些事情上,小伙子处理得就很糟糕,以至于相互冲突。

那么,二十几岁的年轻人如何才能合理地规划自己的目标呢?

方法其实很简单。首先,将这些目标统统写在纸上,且不要设定期限。然后从所有目标中选定 3 个比较重要的,优先于其他目标执行。最后再从这 3 个目标中甄选一个最重要的,它就是核心目标。如果这一年你只能完成一个目标,那它当之无愧。你的一切努力,都要围绕它来进行,直至实现为止。

第三章
20 岁注重形象，30 岁才能受益于形象

　　不管是在公共场所，还是私人聚会，只要你与人交往，你的穿着打扮、言谈举止等外在形象就会出现在他人的眼里，并给别人留下印象。一个人外在形象的好坏，关系到他社交活动的效果。20 岁培养注重形象的习惯并不晚，这是刚踏入社会的年龄，懂得塑造好形象，它的价值会让你受益终身。

1.形象不容忽视，它价值百万

在国产电视剧《婆婆，媳妇，小姑》中，有一个场景：就职于服装贸易公司的儿媳于小娇，在接待日本客户代表时，穿了一双被自己扔掉却又被婆婆拾回、缝好的长筒袜。谈判开始进行得非常顺利，日本代表对公司的产品很满意。可就在于小娇转身的一刹那，对方看到她竟然穿着抽丝的长筒袜，结果生意没有谈成，于小娇也被炒了鱿鱼。

商业心理学指出，人与人之间在交流时产生的影响，主要取决于语言、语调及形象三大因素。其中，语言所占比例为7%，语调所占比例为38%，而视觉（形象）比例则独占55%。另一项调查显示，形象在个人收入方面，同样具有一定的影响。通常情况下，形象魅力突出的人，工资要比一般同事高出13%左右。形象对个人成功的重要性，由此可见一斑。

世界知名形象设计师英格丽·张认为，形象是一个人外在美与内在美的整体体现，是一个人综合素质的全面展示。形象不等于衣装、外貌、身材与举止，还包括一个人的思想、追求、价值观、人生观等多个方面。大方、得体的形象，会使你在初次与人接触时，给予对方良好的第一印象；成功的形象塑造，会使你在各种场合左右逢源，令人刮目相看。

艾斯蒂·劳达，"改变世界的13位女性"之一。她没有雄厚的资金，亦没有销售经验及关于护肤、美容方面的特长，但却缔造了一个拥有几十亿美元资产的化妆品王国，成了当之无愧的"美容女王"。那么，她是依靠什么走向巅峰的呢？

这还要从她进入化妆品行业说起。劳达的叔叔是化学工作者，他经过多年试验，研制出"独家配方"的护肤油，劳达从 16-20 岁，一直都在使用这种护肤品。1930 年 1 月 15 日，劳达与乔·劳特结成百年之好。结婚以后，希望能够帮助丈夫分担生活压力的劳达，开始帮助叔叔推销化妆品。为了能做出成绩，她每日都要在各个街口巷口往来穿梭。

经过一个多月磨炼以后，劳达对化妆品有了一定的了解，也有了不少的销售经验。这时，她建议叔叔开发高档化妆品，并开始携带产品向上流社会推销。可是，事情并不顺利，她们的产品在上流社会销路一直不好，这让劳达百思不得其解。

为了弄清原因，在一次推销失败后，劳达鼓起勇气询问拒绝她的客户："您是否可以告诉我，您为什么要拒绝我们的产品呢？是不是我的销售技巧存在问题？"

那名客户坦诚却又不留情面地告诉她："这与销售技巧无关，而是因为你给我的第一感觉就是一个档次很低的人，这又怎么能让我相信你的产品是高档的呢？"

这是劳达从未受过的侮辱，但她却很感谢这位客户，客户的话虽然刻薄，却一针见血地道出了问题所在，推销人的档次如何，将直接影响客户对产品的定位。

从这一刻起，劳达下决心要将自己塑造成一个"高档次"的人。她开始接触上流社会，模仿那些名媛的着装打扮、言谈举止。同时，劳达还意识到，要想真正成为一个上流女性，仅靠外表是不够的，内在素质的塑造不容忽视。于是，劳达利用各种方式为自己树立自信，她无时无刻不在告诉自己："我就是上流社会的一员"。同时，她不断地丰富自己的知识，充实自己的内涵。

一段时间过后，贫穷的、移民女孩的痕迹，在劳拉的身上已荡然无存。劳拉以优雅的姿态、迷人的风采闯入上流社会,她谎称自己是出身某欧洲豪门的伯爵夫人,开始向贵妇人们推销自己的产品,取得了前所未有的成功。

劳达熟知形象的重要性,于是她成了"形象"的主人。她用心营造自己以及产品的形象,使自己从一个"沿街叫卖"销售女郎,迅速成长为世界最大化妆品经营公司的"总舵主",也成了世界各地年轻女人竞相效仿的"偶像"。

记得一位成功的企业家说:"如果昨天你见过我,那么今天再见我时,你一定会感觉我变成了另外一个人。其实,这没什么值得大惊小怪的,因为我现在的一举一动,都已经经过了精心设计与训练。"事实上几乎所有的成功者,都曾精心为自己进行过形象设计与训练,所以今时今日我们才能看到他们充满魅力的一面。

二十几岁的你,还等什么呢?马上重塑自己的形象,对自己的言行、着装打扮、内在品位进行精心的策划与训练吧。相信你,假以时日也一定能够焕发出无限魅力,到那时,你离成功的距离也就只剩下了一半了。

2.你不是可以"不修边幅"的人

"不修边幅"一词可褒可贬,因人而异。一些艺术家,或许有时间,有精力,也有条件,将自己的"边幅"修理得当,但他们不屑于此。他们并非慵懒,而是在追求自然与豪放,他们这种刻意为之的做法,能够得到多数人的认可,自然也就无可厚非。

但如果你不是该级别的"选手",请一定不要踏入这个门槛。因为如此一来,你很可能会成为别人眼中的"怪物",你将要面对的是别人不解与鄙夷，你会被冠以"邋遢"的恶名。

已经年过 20 的我们，早已不是当初那个"流着鼻涕""衣冠不整"的小屁孩，在个人形象上，一定要提起十二分的注意力。事实上，国人向来喜欢以形象作为衡量一个人的标尺。在工作中，如果你的形象不能给予上司以信赖感，那么无论你的学历有多高、能力有多强，都很难被委以重任；在感情上，如果你的形象不能得到对方的认可，那么即使你再热情，也很难如愿以偿。

赵刚其人邋遢成性，衣服就如租来的一般，两三个星期也不见他换一次。

赵刚去朋友家玩，对方真诚地建议："你长得挺不错，为什么不好好打扮一下自己，换一件干净的衣服呢？这样，别人看着也舒服一些。"

赵刚并没有将朋友的劝告听进耳里，他开玩笑地说道："别人怎么看我我才不在乎呢！在乎这些的人算不上我的朋友，我的朋友一定不会在乎这些。再说我现在又没有女朋友，难道打扮给你看？"

正说着，哥们远在外地上大学的妹妹推门而入，赵刚一下子就被眼前这位充满朝气、漂亮迷人的女孩吸引住了。他主动与女孩搭讪，可对方只是象征性地敷衍了几句，就匆匆躲进了自己的房间。

此后，赵刚只要一有时间，就会往朋友家中跑。他自认为凭借自己聪明的头脑、幽默的性格、十足的热情，一定能将女孩追到手，但女孩似乎总是有意地回避着他。赵刚想：或许这就是女孩的矜持吧？

一天，赵刚从朋友家中出来后，发现手机落在了朋友那里，于是匆匆赶回去。正当他准备推门而入的时候，女孩的声音传了出来："哥哥，那个邋遢鬼到底是谁啊，怎么有事没事总往咱们家跑？"

赵刚听闻此话，顿感无地自容，顾不得再去取手机，匆匆地转身而去……

形象是一个人的标志。一个衣装得体，举止端庄，精神抖擞的人，总能给人以果断干练的印象。而那些衣裤乱搭、乱发蓬松、胡子拉碴的人,肯定得不到别人的青睐,人们会在第一时间用"堕落""没素质""没修养"等极具杀伤力词语,将他们赶到一个"看不见"的角落,因为只有这样才能"眼不见心不烦"。

很多年轻人都同赵刚一样,他们虽然有才能、有热情,但就是因为没有照顾好自己的"形象",一直被人们忽略,最终成了生活中和事业上的败者,这不能不说是一件憾事。

为了避免重蹈覆辙,二十几岁的我们若没有"为艺术献身"的决心与勇气,就不要再为"懒散"找借口,自欺欺人地宣称"不修边幅正是我的个性"。要知道,你不是艺术家,不是可以不修边幅的那个人,你生活在社会的大环境中,要生存、要发展,就必须迎合大众的口味,只有得到大众的肯定,你才有可能获得成功。

3.塑造成功者形象,让自己成为品牌

你是否是个能成功的人,你的形象就是最好的说明。一些成功者会使你在初次接触时,便看出他的特别之处——"他一看就是个企业家""他看起来很有大家风范"……很多优秀的领导,都懂得利用形象影响掌控下属的心理,他们会精心为知己设计一个看上去充满人格魅力的形象,以此巩固自己在下属心中的地位。

二十几岁的人,很多刚跨出校门、走向社会,都怀着成功的梦想。但若想成功,仅靠能力是远远不够的,必须使自己看上去更像一个成功者。一个成功的形象,虽不能对成功起一锤定音的作用,但它绝对能够影响你在别人心目中的定位。一个成功的形象,向人们所展现的是你的自信、能力以及力量,它无声地告诉别人,你是什么样的人,你的社会地位如何,你的前途又会怎样。它会通过视觉效果使别人对你产生信任，会激发出你潜在的优秀素质，会帮助你争取到更多成功的机会。

例如，在公司进行人事调整时，老板很可能会因为你"看上去"是个可造之材，而对你委以重任；在追求爱情时，对方很可能会因为你"看上去"是个可以托付终身的人，而选择与你携手并肩；在进行选举时，大家很可能会因为你"看上去"像个领导人，而将手中的一票投给你……

本世纪最初的几年，英国老牌政党保守党在与劳动党的斗争中一直处于下风。

2000年时，保守党前领袖威廉姆一直被戏称为"小老头"。他虽然只有四十几岁，但在英国民众看来，他的神色、动作、语气都显得死气沉沉、缺少自信，像是一个行将就木的老人。

无独有偶，威廉姆的继任者伊恩·邓肯·史密斯与他简直如出一辙。他在2002年9月接受媒体采访时，表现得毫无生气、一脸茫然，而对于时任首相托尼·布莱尔及其政党政策的攻击，则更是有气无力，毫无杀伤力。有记者问他："你认为自己能够出任下一届首相吗？"史密斯明显犹豫了一下，继而没有底气地回答："是的，我可以，但我更需要努力。"

反观劳动党领袖英俊的布莱尔，他无论何时何地都笑容满面，一脸春风，走路、演讲时，浑身充满了朝气，散发着无穷的魅力，让人一看就觉得他是个出色的领袖。

所以，尽管布莱尔及其政党的政绩在那段时间有些"糟糕"，很多人不支持劳动党的政策，但由于布莱尔的个人魅力投了他一票。英国人认为，至少从领袖气质上，布莱尔还值这一票。

同时，很多英国选民也对保守党表示质疑："保守党的领袖让我对这个党失望，他们连续两届领袖，都不像是能够成为首相的人。""连他自己都不相信自己可以成为首相，又让我们如何信任他？""难道保守党再也选不出像样的人做领导了吗？""除非保守党能够找出一个长头发的人做领袖,否则,他们永远只能做反对党。"……

因为领袖"看起来不像首相",保守党遗憾地失去了一次又一次入主唐宁街的机会。2003年10月29日,保守党对伊恩·邓肯·史密斯举行了不信任投票,原因是他没能利用布莱尔执政最糟糕时期赢得民众的支持。

时常在媒体上抛头露面的政治家,形象必须要"像个成功者",才能在民众的注视下脱颖而出,走向自己的政治巅峰。同样,二十几岁的年轻人,只有为自己营造一个值得信任、积极向上、有修养、有能力的形象,才能够在竞争激烈的时代拔得头筹。

品牌之所以成为品牌,就因为它全方位地为自己打造了一个优质形象,得到了大众的青睐。二十几岁的年轻人若想在成功的道路上越走越顺,就要以自身的特点为基础,全方位地为自己打造一个成功者的形象,使自己成为品牌。如此,你一定能够焕发出与众不同的光彩。

4.注重培养自身品位

品位一词的解释如下:品,即人品、品德之意;位即水平。将二者合一,即指一个人的品质、情操、兴趣与修养。一个品位高的人,会将自己的人生营造得精致典雅,富于情趣,充满追求;品位低的人,对生活没有高追求,他们粗浅低俗,得过且过,却又自以为是,时常大出洋相。

有一对夫妻,他们原本是在菜市倒卖鱼虾的小贩。不料天外飞来横财,一张彩票使他们成为了当地的富豪。有了钱,生活水平得到提高,他们每天眉飞色舞,以上等人自居,但别人却总说他们低俗。

夫妻二人不甘心,想找机会附庸风雅一番,证明自己是"有品位的人"。一天,这对夫妻参加了一个古画展,为了炫耀自己的财富,二人穿得大红大紫、珠光宝气,而这与古朴典雅的展会格调相差千里。

为进一步渲染展会气氛,主办方在会上放起了《满江红》,壮怀激烈的词曲让与会者激情荡漾。夫妻二人看到别人都很激动,就问道:"这首歌是谁写的?很好听啊!"有人回答:"岳飞。"女人很认真地说:"你知不知道岳飞的地址和电话,有机会我得好好向他学习学习……"一时弄得周围的人大笑不已。

"这个人真没有品位!"如果二十几岁的你听到别人如此评价自己,会作何感想?是愤怒、抵触?还是抱怨、自卑?没有人乐于接受这种评价。我宁可别人说我丑,也不愿别人说我没品位。面孔是父母给的,即使它不符合你的审美观,我一样认为它是最好的!但品位则是后天培养的,你说我没品位,与侮辱我的人格又有何异?

品位是一种姿态,是综合素质的体现,它与金钱无关。一个人即使再富有,但若没有品位,依旧低俗不堪;一个人即使没有钱,但可有很高的品位。这就如同人的穿着一般,有些人穿得珠光宝气,却总给人低俗的感觉,而有些人虽然只是穿着普通的 T 恤,却能够将自身的气质衬托得恰到好处。

再穷不能穷品位!二十几岁的年轻人,有谁不想成为别人眼中"有品位、有涵养"的可塑之才。如果只求外表上得到提升,并非什么难事,只需稍努力,加以改造即可;但如果想全方位地提升自己的人生品位,则必须下一番苦功,来为自己充电。

具体说,二十几岁的年轻人可以通过以下几种方式,使自己看上去更具品位。

(1)扩宽视野、增长见识

不要整日将自己困在个人的小圈子中,有机会就去参加一些书画展、艺术展。或许这类活动并不在你的兴趣范围之内,但对丰富你的知识、陶冶你的情操、提高你的修养、提升你的品位,确实有很大的帮助。它会在潜移默化之中,使你得到文化的洗礼,让你变得更富有品位与内涵。

(2)与"好书"为伴

臧克家说过:"读过一本好书,就像结交了一位益友。"所谓开卷有益,每天抽出些许时间,找一本好书来读,会使你的文化品位得到质的提升。相反,读一本坏书,无异于是结交了一位损友,在它的影响下,你会"近墨者黑",这对提升品位是有害无益的。

所以我们在与书本打交道时,一定要有选择地阅读,要"择其善者"而从之,而不要流连在那些低俗下流的图书中,寻求心理刺激。

(3)多与高品位的人相处

相信对于"榜样效应",大家都不陌生,多与高品位的人来往,他们的谈吐、气度、内涵,会代换掉你身上的俗气,令你品位逐渐提高。

毋庸置疑,品位离不开培养。如果你能够持续不断地为自己"充电",你就会越来越睿智、越来越潇洒、越来越优雅,你的魅力就会在举手投足之间不经意地流露出来,如此,你自然就会受到更多人的青睐。

5.为形象加分

全球第一CEO杰克·韦尔奇,一向主张"必须清除园中的杂草",所谓的杂草即那些不合格的员工。而他的判断标准在很大程度上取决于员工的形象。杰克定期抽查员工的相片,一旦他发现某些员工"双肩低垂""垂头丧气"或"睡眼惺忪",就马上指出:"这家伙看上去没有一点生气,他能做好什么?马上把他调走!"另外,杰克在招聘时，同样会依据应聘者的形象来决定对方的去留。"招聘营销人员时，我更倾向于那些相貌英俊、谈吐不凡的年轻人。"

无论我们对于"以貌取人"存在多少质疑，但事实就是事实，你周边的人无时无刻不在透过你的着装、语言、声调、肢体动作等衡量着你。很多才华横溢的年轻人，之所以从二十几岁就一直在某一位置上原地踏步，并不是他们的学识不够渊博，也不是因为他们松懈懒散，而是因为形象使他们的潜力打了折扣。他们一直认为，效率、能力加上努力，就是晋升的保障，却忽略了为自己的形象加分，这使他们看上去"并不适合更高的职位"，因而被上司忽略。

大量事实证明，谁不懂得为自己的形象加分，谁就注定要失败。为形象加分，并不是单纯地追求外在美，而是为了促进事业的发展。二十几岁的年轻人，若想在事业上有所作为，从现在起，就一定要注意借助形象来展示自己的潜力。

(1) 注意"装饰分"

"人靠衣装马靠鞍"，服装能够折射出一个人的审美观与内在素质，而修饰会将着装衬托得更得体。在不同的场合，不同的装饰富含着不同的意味，合适的着装透出的是你对他人的尊重和你的自爱、自信、自强。

美国前第一夫人希拉里·克林顿，在克林顿就任总统之前，是一名女权运动者，因而她在着装方面，总是有意展示女权主义，喜欢穿带女权主义色彩的宽格西服，佩戴老学者一样的黑色宽边眼镜。这与美国人心目中高雅、端庄的"国母"形象大相径庭，因此一度影响了克林顿的选举。

此后，为了配合丈夫的选举，希拉里听从形象设计师的建议，以色彩鲜明、富女性韵味的时装代替了原来的宽格西服；用隐形眼镜替换了看上去很迂腐的黑边眼镜；还特意设计了时尚的新式发型。希拉里的新形象迎合了美国人民的心理，得到了民众的认可。她所折射出的既充满女性魅力，又彰显女性智慧与独立意识的"国母形象",成为克林顿政治形象上的一大亮点,很多美国公民是出于对希拉里的喜爱,才将手中的选票投给了克林顿。

(2)注意"精神分"

一个人在事业和生活上,是表现出充满热情的模样,还是一副无所谓的样子,将影响别人对于他的评价。如果你看上去睡眼惺忪、委靡不振、懈怠懒散、态度漠然,给人没有精神的感觉,那么你的精神分势必会大打折扣,你将很难受到重用;如果你一直表现得精力充沛、容光焕发、激情四溢,你的精神面貌一定会感染很多人,人们都会乐于与你接近。

徐晓冬与李雪都是国内某 IT 企业女工程师,二人学历相同,工龄一样,业绩也不相上下。不同的是,2006 年,徐晓冬被提升为项目经理,而李雪依然停留在工程师的职位上,成了徐晓冬的下属。2008年,受全球经济危机影响,公司决定"精兵简政",李雪作为首批被精简人员,离开了工作几年的公司。

相同的资历,为什么会有如此不同的境遇呢?负责公司人事的张部长说:"李雪那双睡眼和漠然的神态,让我们觉得即便少了她,也没缺少什么。而徐晓冬所散发的激情,能够感染身边的每个人,她给人热情、上进、坚强、果敢的感觉,缺少了她我们会感到很不适应。"

(3)注意"言行分"

陈锐就职于国外某移民律师行,2005 年他被派遣回国,受命寻找业务上的合作伙伴。经老同学牵线,陈锐与国内某部下属单位的程总会面。陈锐被秘书引进总经理办公室,他看到一个 40 岁左右的中年人,正手持电话大声地训斥着对方,口中不时吐出几个脏字,最后又毫不客气地猛然挂断了电话。

"难道这就是公司的总经理?"陈锐心中打起鼓来。程总象征性地与陈锐握了握手。"敷衍式、冷漠倨傲的握手!"陈锐的心更凉了。中午,程总邀请陈锐与他那位略胖的同学共进午餐。就餐时,不知为何谈起了肥胖与饮食的关系。程总毫无顾忌地指责肥胖是因为贪吃,不知节制,陈锐的胖同学面红耳赤,默不作声。敏感的陈锐迅速转移话题,向程总敬起酒来。可谁知程总喝完酒以后,又拾起了肥胖的话题,并不断表示,肥胖的最根本原因就是"贪吃"和"懒惰"。

最终,陈锐与程总没有达成合作关系。用陈锐的话说,"他给我留下了一个非常不好的第一印象,显得很没修养,甚至是没有教养,我真不理解这样的人怎么能坐到老总的位置上!"

一个人的言谈举止,会直接地将自身修养折射出来。所以在与人接触时,我们必须要严格注意自己的一言一行、一举一动。例如,在与人交谈时,不要带脏字;别人在说话或思考时,不要打断对方;不要打探别人隐私;不要在别人面前打扫个人卫生,如剔牙、挖鼻孔等,这些行为会严重破坏你的个人形象,让别人认为你没内涵、没修养,进而不愿与你接触。

6.关注细节,别让马虎毁了形象

"细节决定成败",这句话在形象塑造上同样适用。二十几岁的人,年轻气盛,不拘小节,极易忽略一些细节问题。可是很多时候,恰恰就是一些小细节,破坏了你精心维持的良好形象。

不要认为这是危言耸听。细节是一个人形象与修养的共同体现,每一个细微之处,都会让别人对你形成相应的评价。英国某银行证券处主任比尔在谈及招聘事宜时说道:"面试时,我会将更多的注意力放在细节问题上。要知道,大多数在银行工作过的人,都已经练就了非常棒的口才,同时也深谙穿衣之术,这会让你无可挑剔。但如果你能注意观察一些容易被忽略的小细节,如鞋袜、头发、指甲、手等,你就会获得很多在简历上和谈话中无法捕捉到的信息。"

所谓"于细微之处见精神"。试想,如果你是企业负责人,当发现下属员工的衣领上沾有一滴污渍时,你的第一反应会是什么?你会马上判断这是一个粗枝大叶的人,对这样的人,你会对他委以重任吗?很多时候,一个细节出了问题,你的整个形象就会被人全盘否定。

就职于迈阿密某律师事务所的凯西女士,在酒会上结识了"大都会人寿保险公司"销售代表麦克先生。

周末,麦克如约来到凯西女士家中。麦克整齐的装束令凯西女士暗暗称赞:"妆容整洁、满面微笑,地道的保险业务员形象。"可是,当二人在沙发上落座时,凯西女士突然发现,麦克整洁的西装下面,竟然配了一双已然变形、毫无光泽的旧皮鞋,这与整齐的衣装显得格格不入,让凯西女士大感失望。当麦克在客厅中走动时,凯西女士暗暗祷告:"千万不要让这么高档的西裤,去擦那双流浪儿才穿的破皮鞋!"

结果,尽管麦克口吐莲花,滔滔不绝地向凯西女士推荐了多个适合她的保险项目,但凯西女士一样也没有接受。

凯西女士在回顾这段经历时说:"在我们律师事务所,所有人都穿着光亮如新的皮鞋。鞋是一个人身份的标志,穿破皮鞋的可能性只有两种——第一,他买不起新鞋,这足以证明他不是个合格的推销员;第二、他不舍得买新鞋,这说明他是一个葛朗台似的吝啬鬼。无论是哪一种,都无法令我接受,我不会信任这样的人!"

我们知道,保险公司销售的是信誉,而信誉首先就来自客户对业务人员的信任。麦克先生虽然有着不错的口才和能力,但就因为忽视了鞋子的搭配,而令凯西女士对他失去了信任。

其实,麦克未必是买不起鞋或是不舍得买鞋,或许他认为旧皮鞋穿起来更为舒适。可惜他没有意识到,这"舒适"的背后却隐藏着危机。一双破旧的,折痕鲜明的旧皮鞋,会在一瞬间遮掩你身上散发出来的光彩。

别以为"小问题"没人注意，其实你身边的每一个人都有一对"火眼金睛"，即便你安静地坐在那里，他们也能从细微之处将你审视得一清二楚。所以，从现在起你必须学会关注细节，将自己的形象塑造妥当。唯有如此，你才能得到多数人的认可，在 30 岁以后成就一番事业。

第四章
20 岁塑造品性，30 岁才能德才兼备

　　品性修炼，对一个人的成才有极大的助益。美国华裔科学家、微软中国研究院院长李开复在写给中国学生的一封长信里，详细地谈了该如何在未来的留学、工作或者创业中获得成功，其中第一条就是要"坚守诚信、正直的原则"。这往往不被人放在眼里，只有真正有智慧的人才会理解品性的价值。《射雕英雄传》里郭靖"忠诚老实，甚有侠义之心，性格纯厚，朴实和善，以恕道待人，临危不忘救人。"因为郭靖品性高尚，所以在成才的道路上得到了许多德高望重的武林高手的真诚指导和帮助。

1.性格缺陷阻碍个人发展

所谓性格，是指人在面对现实时，所表现出来的态度及相应行为中较为稳定、且具有核心意义的个性心理特征。性格一部分取决于遗传，另一部分则取决于后天环境影响。性格包含很多社会道德含义，与个体的价值观有着密不可分的联系。性格一旦形成，就会相对稳定，并且能在很大程度上影响一个人的命运。

二十几岁的人有谁不想成功？然而，在迈向成功的道路上，却有着数不清的障碍等待我们去克服，性格缺陷恰恰就是横在我们面前的绊脚石，若不能克服，不要说功成名就，甚至还会使自己的人生充满败笔、失意彷徨。

康熙晚期，满清皇室内部对于皇位的争夺异常激烈。独具慧眼的年羹尧认定皇四子胤禛能够继承大业，于是手握重兵的他坚决地站到了胤禛一边。

雍正继位以后，年羹尧平叛乱、稳边疆，战功赫赫，一度青云直上，成为一人之下、万人之上的"西北王"。

然而，位极人臣、不可一世的年羹尧却忘了"功高盖主"意味着什么。他放纵自己骄横的性格，为自己的政治生涯埋下了败笔。

据史书记载，年羹尧府内曾有一幕僚，今湖南长沙人，名孙剑才。

某年，年羹尧为炫耀权势，大兴土木、建造府邸。四方术士闻听此事，纷纷赶来道贺，阿谀逢迎，大赞其府邸为"百年伟业。"年羹尧一时得意忘形起来。这时,孙剑才当头泼下了一盆冷水:"无须多久就会化为一片废墟!"年羹尧勃然大怒,喝令将孙剑才推出斩首,孙剑才面不变色,慨然说道:"小人死不足惜,但请大将军再让我说一句话。"年羹尧奇怪,便将其召回。孙剑才道:"大将军祸不远矣,尚不自知?我现在就愿一死。"年羹尧听后心中一震,遂免其死,问其原因。孙剑才答道:"将军功勋卓著,声震海内,却不知'功高盖主''鸟尽弓藏',我想皇上现在已对将军有所猜忌了。"可惜,骄横跋扈的年羹尧,并未将孙剑才的话放在心里。

雍正2年,年羹尧入京觐见。当时的他志得意满、盛气凌人,赴京途中,竟要求都统范时捷、直隶总督李维钧等"跪迎大驾"。入京以后,王公以下官员皆出城跪迎,年羹尧端坐马上,昂首而过,狂妄之态溢于言表。更有甚者,年羹尧在觐见雍正时,居然也"无人臣礼"。这使雍正大为恼火,有了"杀年之心"。

雍正3年,年羹尧获罪下狱。经审查,列罪状92条。廷议决定:将年羹尧斩首以谢天下,年氏一族十六岁以上男子皆斩。十五岁以下男子及女子赐予功臣为奴为婢。雍正念其旧情,亲自批示"恩予自裁。子富立斩。余十五岁以上之子,发配充军。其父超龄、兄广东巡抚希尧革职免罪"。很显然,这已是对年羹尧的特赦了。

年羹尧戎马一生、屡立奇功,其智慧自然非常人可比。然而,狂妄、骄纵的性格却使他头脑发热,居功自傲。在得到幕僚的提醒以后,依然不知收敛,最终落了个"自裁以谢天下"的下场。

美国哲学家、心理学家威廉·詹姆斯说过:"播种一个行动,你将收获一种习惯;播种一种习惯,你将收获一种性格;播种一种性格,你将收获一种命运。"人的性格各有不同,良好的性格能够成就你的人生,不良的品性也会毁掉你的一生。只有弥补性格上的缺陷,培养良好的个性,你才能在人生道路上转弱为强,创造一个多彩的人生。

2.诚信乃为人之本

　　著名港商李嘉诚接受采访时说:"人一生之中最宝贵的东西就是诚信,我现在即便再多出十倍资金,也不足以应付那么多找上门的生意,这都是诚信待人的结果。"

　　人无信不立。诚信乃为人之本,是所有成功人士恪守的准则。所谓诚,即真心、真意、真情,人有诚才能不疑,不疑方可断惑;所谓信是指"智信",而非轻信、迷信。二者相辅相成、缺一不可,诚为信之根本,无诚则无信,无信则不立,诚而有信,是为人生。

　　诚信又是一种情感交流。人与人的交往,需要以诚信为基础,才能彼此信任。信任会拉近人与人之间的距离,使交往双方逐渐成为同事、朋友,甚至是夫妻,并在今后的道路上相扶相携,一起去面对人生中的困难重重。

　　二十几岁,弱冠年华,初涉世事,无论我们的目标何其远大,无论前方有多少事情等着我们去做,请一定记住:人格信誉是最珍贵的财产,要想成功,就一定要恪守承诺,因为无论是做人、还是做事,最不能缺少的就是诚信。

　　在纽约曼哈顿区河滨公园北部,耸立着美国第18任总统格兰特将军的雄伟陵墓。陵墓后方,有一片碧绿的草地,面积颇大,一直延伸到公园的尽头,与一方峭壁相连。

　　在峭壁之上,立有一个小孩子的坟墓,形状很普通,与一般美国人的陵墓并无差别。这样的坟墓,放在其他任何地方都可能会被忽视,但在这里,它却向人们讲述着一个感人至深的诚信故事。

　　200多年以前,一个年仅5岁的孩子在这里玩耍时,不慎跌落悬崖,坠河身亡。他父亲痛不欲生,遂将孩子葬在崖边,建了一座小巧,整洁的陵墓,以示对亡子的怀念。

数年后,家道中落,男孩的父亲不得不将土地转售出去,以维持生计。但他对土地的新主人提出了一个附加条件,将孩子的坟墓视为土地的一部分予以保留,永远不要将其毁坏。新主人答应了他的请求,并将这一条件写入了契约之中。就这样,小孩子的坟墓被保存了下来。

时光流逝,岁月如梭,100年过去了,这片土地已不知几经人手,孩子的名字似乎早已被世人遗忘,但他的坟墓却受益于一张又一张买卖契约,被完整地保存了下来。

1897年,美国政府成了这块土地的新主人,被定为格兰特将军陵园。依照契约,孩子的坟墓依然没有受到一丝损坏。一个是美国历史上战功卓著、赫赫有名的大英雄、大总统,一个是名不见经传的小孩子,二人"毗邻而居",这在美国乃至世界历史上绝对是一大奇观。

转眼间又过了100年,1997年,即格兰特将军陵墓建成100周年、小孩夭亡200周年,时任纽约市长的朱利安尼来到陵园。他此行有两个目的,一是悼念格兰特将军,二是重新修葺孩子的坟墓。末了,朱利安尼亲自撰写了"孩子冢"的故事,将其刻在木牌之上,立于孩子墓边,让诚信的故事永远流传下去。

诚信者坦然博美誉,善诈者猥琐失人心,常言人心不可测,须知撼人心魄者正是诚信。相信,每一位到过格兰特陵园的人,都会将"诚信"二字世代相传下去。

"学者不可以不诚,不诚无以为善,不诚无以为君子。修学不以诚,则学杂;为事不以诚,则事败;自谋不以诚,则是欺其心而自弃其忠;与人不以诚,则是丧其德而增人之怨。"作为二十几岁的人,更要明白诚信乃做人之本的道理。不管做多么卑微或多么伟大的工作,都不要忘了诚信。

3.拥有自信，才能强大

　　毫无疑问，二十几岁的人正处于一个竞争激烈的时代。有竞争就会有成败，无论你愿意与否，这一生可能都要经历一次甚至是数次的失败。所谓"胜败乃兵家常事"，在人生的竞技场上，输掉一场或是几场比赛并不可怕。因为你的人生还没有结束，没有结束就意味着仍有翻盘的机会。在此后的人生中，只要你能够抓住机会，博得一次重大的胜利，那么你就是个强者，就是最后的赢家。

　　但遗憾的是，很多年轻人经受不起失败的打击。他们在一帆风顺之时，能够信心满满，慷慨激昂，筹划着未来的宏伟蓝图；可一旦遭遇失败就一蹶不振，躲在灰暗的角落中自怨自艾。这样的人，永远不会获得成功，因为他们输掉的不是别的，而是"自信"！他们仅仅是因为中途败了，便丧失了"爬起来"的斗志，失去了精神的脊梁，这才是最可怕的事情。

　　成功者未必都是智商很高的人。很多人之所以成功，就在于他们心中始终秉持着一份信念，他们坚信自己能够成功，所以即便跌倒，他们也会积极地站起来，迅速向着自己的目标奔去。他们知道，只要心不死，只要时刻对自己充满信心，那么即使再大的困难，也一定能够克服。

　　是否可以一人一舟横渡大西洋？此问题曾在德国引发讨论热潮。为了实现这一人类历史上的壮举，先后有100多位冒险家葬身鱼腹。对此，心理学家林德曼认为，那100余人之所以会失败，并不是因为体力和精力透支，而是因为他们在中途丧失了信心，陷入了恐慌、绝望、精神崩溃的状态。为了证明自己的推断，1956年10月，林德曼在一片反对声中，"固执"地驾着小船，驶进了大西洋。

林德曼驾驶的小船，仅有5米长，是所知横渡大西洋最小的船只。林德曼在船上装满了淡水与食物，只为自己预留了一个座位。即使如此，还未到达目的地，食物就已经被吃光了。"绝食"难不倒顽强的林德曼，他开始从水中抓生鱼吃，虽然味道不好，但能活下去。

最令头疼的是海上不时刮起的飓风，它们一次次地将林德曼的小船掀翻，使他无数次濒临死亡的边缘。在一望无际、孤立无援的大海上，林德曼出现了幻觉，肢体开始麻木，身为心理学家的他甚至也感到了绝望。但每到此时，林德曼总是用所剩无几的清醒，大声斥责自己："你这个懦夫，难道你想重蹈覆辙，葬身鱼腹吗？绝不可以！你一定要成功！"

72天的漂流、72天的苦难，林德曼终于成功地横渡大西洋，成为实现这一壮举的史上第一人。

这是一次伟大的试验，林德曼以生命为赌注，以不成功便成仁的气魄告诉世人：第一，他是一个可以用自信战胜一切的人；第二，自信的力量远远超出人们的想象。

世界上不知有多少颇具潜质的年轻人，只因缺乏坚强的信念，在人生旅途上犹豫不前，最终被成功拒之门外。一个人的成就永远不会高于他的自信，拥有多少自信，就能够获得多大成功。如果你一直认为自己"行"，那你就一定"行"；如果你一直认为自己"不行"，那你必然一事无成。

综观大千世界、古今中外，无论是一个人、一个团队或是一个国家，若想实现自己的目标，开创一番宏伟基业，就一定要拥有矢志不移的信念，在困难出现时坦然以对，在障碍拦路时披荆斩棘，方可乘风破浪，驶向成功的彼岸。

拥有自信，才能强大！自信是人类掌控命运的一种能力，只有在心中撒满自信的种子，才能够收获成功的硕果！

4.谦受益，满招损

"谦受益，满招损"源自《尚书·大禹谟》，后经历代引用，传至今日，近 3000 年的历史考验，足以称之为至理名言。

所谓"满"即骄傲，傲在佛法上是一种烦恼。人生烦恼，则失智慧，失智慧则持一技之长目空一切，刚愎自用，武断行事，其结果必然一败涂地。

三国时的关羽有"武圣"之称，他温酒斩华雄，过五关斩六将，斩颜良、诛文丑，单刀赴会，水淹七军，擒于禁，灭庞德，英雄一生。

然而，这位睥睨天下的大将，却在晚年犯下了兵家大忌——骄，最终败走麦城，为吴将吕蒙所擒。

《三国演义》中有这样几段场景。

马超降蜀时，已掌管荆襄九郡、地位无人可及的关羽，听闻马超勇冠三军且与张飞不相上下，便嚷着要入川与马超比武，以证明自己的武艺不但要高出马超，而且更胜张飞一筹。诸葛亮谙熟关羽心理，遂拍其马屁曰："亮闻将军欲与孟起较高下。以亮度之，孟起虽雄烈国人，亦黥布、彭越之徒耳，当与翼德并驱争先，犹未及美髯公之绝伦超群也……"关羽的虚荣心得到满足，这才"将书遍示宾客，遂无入川之意"。

建安 24 年，刘备自立汉中王，大封手下文臣武将。其中封关羽为前将军，黄忠为后将军，张飞为左将军，马超为右将军，赵云为翊军将军，并称"五虎上将"。关羽虽位列"五虎将"之首，但仍心有不甘，傲黄忠，声称"大丈夫终不与老兵为伍"，拒收前将军印。此举看似傲黄忠，实则是认为自己无可匹敌，不应与其余四人同处一级。

后来，又是费诗巧"吹喇叭"，将关羽抬到与刘备不相上下的地位上："昔萧何、曹参与高祖同举大业，最为亲近，而韩信乃楚之亡将也；然信位为王，居萧、曹之上，未闻萧、曹以此为怨。今汉中王虽有'五虎将'之封，而与君侯有兄弟之义，视同一体。君侯即汉中王，汉中王即君侯也。岂与诸人等哉？君侯受汉中王厚恩，当与同休戚、并祸福，不宜计较官号之高下。愿君侯熟思之。"关羽才转怒为喜，接受册封。

孙权拜陆逊为大都督，关羽闻言道："孺子陆逊代之，不足为震。"孙权欲与关羽结亲，关羽怒道："吾虎女安肯嫁犬子乎？"孙权虎踞江东，与刘备、曹操分庭抗礼，论名望、才智、势力，均不在关羽之下，甚至连曹操亦云："生子当如孙仲谋！"而关羽却不将孙权放眼里。

在轻敌失利，败走麦城以后，王甫劝关羽："宜走大路，小路恐有埋伏。"关羽又狂妄道："纵有埋伏，吾何惧哉！"其自负之态，由此可见一斑。

常言道："长江后浪推前浪，一山还比一山高。"我们眼中的自己与客观事实往往相差甚远。很多时候，你以为别人都在关注你、尊崇你，可事实上，或许别人的眼中就没有你。仰望苍穹，才能发现自己的渺小，得到心灵上的平静；将自己高高架起，悬于空中，则会摔得很惨。

明代学者陆绍珩说："人心都是好胜的，我若以好胜之心待对方，则事必败；若以谦和之态对别人，则事可成。"

二十几岁，正是心高气傲的年龄，许多年轻人不重视谦虚的美德。他们不知道，谦虚是一种积极的力量，只有将其纳为己有，恰当运用，才能得到丰厚的回报。

无论你拥有怎样的梦想，谦虚都是实现目标不可或缺的品质。当你成功攀上巅峰、回首走过的路时，你会发现，谦虚真的非常重要，因为只有谦虚、上进的人，才能得到智慧的垂青。

5.学会宽容

"海纳百川,有容乃大。"这是清朝著名禁烟英雄林则徐,为自勉而写的对联上联,其意为:大海之所以如此辽阔,是因为它具有容纳百川的度量。林则徐以此告诫自己,无论是为官还是做人,都要拥有大海一样的容人气度。

"容"是华夏民族的传统美德,是崇高的境界。所谓"将军额头可跑马,宰相肚里能撑船。"二十几岁的年轻人若想开创一番事业,除却必需的能力以外,没有一个容人的胸襟,也是很难成功的。

元末,由于统治集团蛮横骄奢、残暴不仁,民众苦不堪言、忍无可忍,遂纷纷揭竿起义。其中,"诚王"张士诚是较强大的一股势力。

某日,有一读书人前来投奔张士诚。在中军大帐内,该人口若悬河、滔滔不绝地分析着各朝各代由兴盛到覆亡的前因后果。张士诚闻言大喜,连呼"相见恨晚"。

随后,张士诚携读书人巡视军营,有意让对方见识一下自己的军威。在路过一处粮垛时,张士诚看到一群麻雀在粮垛上啄食谷粒,便急忙唤人驱赶麻雀。读书人眼见此景,不久便告辞而去。

回到家中,老母不解,问其缘故,该人答道:"我见张士诚心里连几只麻雀都容不下,又如何能够容得了天下? 这等人即便现在兵多将广,将来也必定一败涂地,我还是在家著书更好。"这个读书人就是大名鼎鼎的施耐庵。

泰山不辞细土,故能成其高远;河海不辞涓流,故能成其深广。坐拥天下者,应心容天下人,张士诚与麻雀争一时之气,也难怪博古通今、才华横溢的施耐庵会弃他而去。

65

法国大文学家雨果说过："在世界上，最辽阔的是海洋，比海洋辽阔的是天空，比天空还要辽阔的则是人的胸怀。虽然天空可以包容一切，而人的胸怀却可以包容天空。"宽以待人，这不但是做人的情操，也是一种智慧。人活于世，我们所要面对、所要接触的是纷扰复杂的环境以及形形色色的人群，若一味地依据自身喜恶行事，很难在社会上伸展拳脚。我们所需要的是"宽容"，以宽容作为人际关系的润滑剂，会在人际链条上得到意想不到的收获。

孟尝君做齐国宰相时，府内招纳了很多食客。一名食客起色欲，竟与孟尝君的小妾做了苟且之事。事泄，有人向孟尝君进言："身为食客，竟与主人侍妾私通，如此大逆不道，天理不容，论罪当斩！"

孟尝君淡然道："爱美之心人皆有之，喜爱美女也是人之常情，此事以后不要再提。"此后，孟尝君非但没有再提及此事，而且还对该食客礼待有加。一日，孟将食客召至身边，说："你寄居我门下已有多日，争奈一直没有适合你的位置，这令我愧疚不安。时下，我正与卫国国君交好，我想送你些车马盘缠，让你去卫国做官。"

该人来到卫国，深受卫国国君器重，被委以重任。后来，局势突变，卫国与齐国剑拔弩张。卫欲联合诸国灭齐。这时，那名食客冒死进谏道："臣之所以能够来到卫国，为大王效犬马之劳，全仗孟尝君不以臣之过为罪，又将臣推荐给您。臣闻两国先王曾有约定，齐、卫子孙要世代修好，绝不彼此倾轧。今大王联众攻齐，不但有悖先王旨意，又有负孟尝君一片情意。臣冒死请求陛下放弃此举，若不得允，臣立毙于大王面前！"卫王觉得他言之有理，又感其情深，遂打消了联众灭齐的念头。

后人评价此事说："若没有孟尝君的宽容，谁能救得了齐国？"

宽容是人性的精华，心胸越广，性情转折的余地就越大，自然也就不会为些许琐事大动肝火。一个宽容的人，无论身处何境，都可以坦然以对，微笑着面对人生。

二十几岁，应该拥有一颗博大的心，让我们用胸怀去包揽一片湛蓝的天空，让海纳百川的气魄永存心中！

6.别让忌妒驾驭心灵

柏拉图年轻时，朋友送给他一把精致、美观的座椅，表达对柏拉图的敬意。

数日以后，大批朋友来到柏拉图家中做客，人们看到这把座椅称赞不已，而在得知椅子的来历以后，则更对柏拉图充满了羡慕。这时，一位朋友突然站起，对着那把座椅一阵狂踩，边踩边说："大家看，我把柏拉图的虚荣踩了个稀巴烂！这把椅子就是柏拉图内心的虚荣！"

在场的所有人，包括柏拉图本人在内，感到惊讶不已。但充满智慧的柏拉图很快就恢复了平静，只见他从容地取来一块抹布，轻轻地擦去座椅上的脚印，动作显得那样有条不紊。随后，柏拉图将那位朋友请到座椅上，幽默却不乏深意地说道："感谢您帮我踩掉了内心的虚荣，现在我也帮您擦去了内心的忌妒，您可以平心静气地和我们一起喝茶聊天了吗？"

二十几岁，看到别人在某一方面超过自己时，你会不会感到怨恨、感到愤怒？甚至不惜一切代价要超过他，或是亲手毁掉他呢？如果是这样，请务必要警惕，你已经陷入了忌妒的泥沼之中。

忌妒之心人皆有之，只是每个人表现程度有所不同。一些人虽然不甘心落于人后，但他们能够端正自己的心态，励精图治，在合理的竞争中不断赶超对方；而另有一部分人，他们无法接受别人强过自己，在忌妒心的驱使下，无所不用其极，以最恶毒的方式攻击对方。很明显,后者已经被忌妒驾驭,失去了理智,任由忌妒在心中蔓延。这样的人,是无力、无能的,他们忌妒的是别人,伤害的是自己,往往会引发心理、生理疾病。忌妒带给他们的是不安、是愤怒、是仇恨与颓废,这些情绪被转化为行为以后,造成的则是难以弥补的巨大创伤,对别人,或是对自己……

辽阔的天空中,两只苍鹰在展翅翱翔。其中一只身富力强、羽翼丰满,所以飞得很高、很远,而另一只略显老态、羽毛稀疏,所以飞得吃力,既不高也不远。后者非常忌妒前者。恰巧有一猎人经过,后者便央求猎人:"请将它射下来!"

猎人应允,对它说:"我需要几根羽毛绑在箭尾,才能射准。"这只鹰毫不犹豫,马上从翅膀上拽下几根最长的羽毛交给猎人。猎人张弓射箭,但前者飞得太高,猎人未能射中。妒火中烧的苍鹰誓不罢休,又迅速扯下几根羽毛交给猎人,可惜猎人又未射中。就这样,猎人连续不中,苍鹰连续拔下羽毛,直至将自己的羽毛拔光。

失去了羽毛,自然也就失去了飞行能力,忌妒的苍鹰成了猎人的"下酒菜"。

看不惯别人比自己飞得高远,就想方设法要将对方击落,计谋未成反而殒命,忌妒所带来的恶果,由此可见一斑。但遗憾的是,类似的悲剧却几乎天天都在上演。

忌妒是最持久的情绪,是不易被自己察觉的人性弱点。忌妒一旦失去控制,比仇恨来得更为强烈。失衡的忌妒就是毒药,善妒的人不会快乐,他的心灵已经被腐蚀。

弱冠之年好胜心强,有忌妒亦是常事,关键是你能否将其控制在一个合理的范围之内。当妒火燃起时,请先平静下来,审视一下自己的心理,问问自己,到底是什么让"我"感到不舒服?是不是自己又在钻牛角尖?大智慧者,首先要懂得化忌妒为动力,以欣赏的态度去关注别人的优点,见贤思齐,取他人之长补己之短,如此方可有所进步。

7.秉持一颗善良的心

曾听说这样一个故事。

一辆四轮货车与摩托车相撞，摩托车主人静静地躺在车前，浑身染满了鲜血。货车司机已不知去向，目击者称，肇事司机下车看了一眼，立即拨打急救电话，然后便一脸呆滞地走向了马路对面。

急救车与交警还没有赶到肇事现场。受害人突然坐了起来，这时人们才发现，原来他身上沾的并不是血，而是红红的腐乳汁，外伤也只有右腿骨折。受害人大脑清醒，他一字一句地告诉大家，自己是郊区农户，骑车来城里卖腐乳，回家的时候出了这场意外。然后又不好意思地说，农村人没见过世面，刚才一下子被吓晕了，其实伤得并不严重。

不久，救护车来了，随后交警也匆匆赶到。急救人员在对伤者进行检查后，得出的结论是：右腿小腿骨折，是否有内伤，需要到医院做进一步检查。围观者长长舒了一口气，看来是虚惊一场。

正当大家议论纷纷，指责肇事者道德沦丧之时，马路对面又传来了一个"噩耗"——肇事司机，在马路对面的小区中跳楼了！一波未平、一波又起，还未散去的群众聚集到了另一个现场，可是……

人们看到的并不是肇事司机血溅当场，相反，他正站在那里号啕大哭，身边却躺着一位退休的老工人。

这是怎么一回事呢？原来当肇事司机从三楼一跃而下的时候，恰巧这位退休老工人路过此地，未及多想就冲了过去，接住了那个下坠的重物。结果，肇事司机毫发未伤，而老工人却落了个双臂、肋骨骨折。

　　离奇的故事,老工人见义勇为的行为,霎时传遍了城市的大街小巷,自然也引起了新闻媒体的注意。当记者问到"事情过后,你有没有感到害怕"时,老人这样答道:"我总不能眼睁睁看着一个鲜活的生命,在自己眼前消失吧,他要是再跳,我还接。"

　　事情的结果同样很有意味。肇事司机老母卧病在床,妻子下岗,全家就依靠他替人拉货维持生计。所以,遭此横祸司机才会自寻短见,因为他根本负担不起昂贵的赔偿费。

　　老工人得知司机的家境以后,免去了一切赔偿,自己掏腰包支付了医药费。

　　人们开始担心那位农民,万一他在医院里一躺不起,司机即使倾家荡产也未必支付得起。事实上,这样的事情在社会上并不少见。那天,司机前往医院看望伤者,同屋的病号问道:"当时你自己都不要命了,为什么还要打急救电话呢?"司机显然没想到会有此一问,稍一发愣,随即答道:"万一他还有救呢!"一句话感动了在场的所有人。伤者第二天坚持要出院,说:"咱们回家养伤,可不能讹人家!"

　　很显然,事情之所以能够如此顺利、圆满地得到解决,就因为三位当事人都有着一颗善良的心。善良是人性中最耀眼的美,是最柔软且又最有力量的情愫,更是身处弱冠之年的我们,成就事业所必不可少的品质。

　　善良的心未必人人都有,但却人人都能感受得到;善良的人,未必随处可见,但却是人人尊敬的对象。拥有善良,可以使自己的灵魂得到洗涤;拥有善良,可以使自己的人格得到升华;拥有善良就不至堕落。将善良注入胸膛,会有无穷的力量。

　　善良有时温暖柔软,足以融化百年冰川;善良有时"强硬",可以穿透一切阻路的顽石。

　　最清澈的水来自天空,最值得骄傲的成功就是善良。让善良驱走我们身上的污秽,带我们畅游人生的海洋。

8.施恩,感恩

施恩是一种人生智慧,是一种处世哲学,是一种奉献精神;感恩是基本的道德操守,是对别人施恩的认定,是增进人际情感的纽带。学会施恩,懂得感恩,最大的受益者不是别人,正是二十几岁的我们。

弗莱明是苏格兰小镇的贫苦农夫。一天,他正在地里辛勤耕作,突然听到附近有人哭泣着大呼救命。弗莱明未及多想,放下农具就向声音传来的方向跑去。原来,是一个男孩不小心掉进了粪池,他急忙将男孩救起,帮他躲过了这一劫。

两日以后,一位绅士打扮的中年人,驾着一辆豪华马车来到弗莱明的住所。他非常儒雅地介绍道:“我是你救起那位男孩的父亲,此次前来是为了向您表达我的谢意。”说着,便拿出丰厚的礼品作。弗莱明坚决不收,并一再强调说:“我救您的儿子不是为了报酬,所以我绝不能收。”就这样,两人你推我让,正在僵持不下时,一位英俊的少年走了进来,绅士问弗莱明:“请问,这是您的儿子吗?”弗莱明自豪地点了点头。对方继续说道:“那这样吧,既然您救起了我的儿子,我就应该为您的儿子做点什么。不如我们做个约定,我将您的儿子带走,让他接受最好的教育。如果贵公子和您一样善良,我一定会将他培养成令您骄傲的人。”

望着一脸至诚的绅士,弗莱明想了想,答应了对方的请求。绅士也很守诺,他将弗莱明的儿子送到了著名的圣马力医学院,一直将他供到毕业。

弗莱明的孩子后来果真令他,乃至整个英国为之骄傲,他就是著名细菌学家、青霉素的发明者亚历山大·弗莱明,他的医学成果在第二次世界大战中挽救了无数人的生命,被誉为与原子弹、雷达齐名的第三个重大发明。而被救起的那个孩子,就是在第二次世界大战中拯救英国的著名首相丘吉尔……

毋庸置疑,如果当时弗莱明没有"施恩",自然就不会引来绅士"报恩",那么世界上至少要失去两个伟人——丘吉尔早早夭折,而亚历山大·弗莱明成功的希望也微乎其微。不求回报地施恩,所得到的往往是更丰厚的回报,"赏善罚恶"的原则,不会忽视任何一个好人。

一位哲学家曾经说:"世界上最大的不幸或悲剧,就是一个人大言不惭地说'没有人给予过我任何东西'。""感恩"一词源出基督教教义,牛津字典中将其定义为:"乐于将获得好处的感激呈现出来回报他人。"

感恩是积极的举动,是"投之以桃,报之以李"的朴素感情,是"滴水之恩,涌泉相报"的品行。对别人的关怀与好意,拒绝绝不可取,即使它显得多余,也要马上做出积极反应,让对方看到他的"好施"得到了认可与回应,如此,他会更乐于帮助人。

日本著名歌舞伎大师堪弥,在一次演出中扮演一位流浪者。他正准备上场的时候,一位门生突然提醒道:"老师,您的鞋带松了。"堪弥大师俯身系紧鞋带,然后感激地说:"谢谢你啊。"

然而,当大师走出学生的视线,马上又弯下身将系紧的鞋带松开。这一幕恰巧被一位前来采访的记者看到。演出结束后,记者来到后台,问堪弥大师:"这是为什么呢?"大师回答:"鞋带松散这个细节,有助于表现流浪者长途跋涉的疲惫之态。"记者又问:"那您为什么不在当时向学生讲明呢?他并不知道这是演戏的需要。"大师回答:"我若是在当时点破,他会为此感到难堪,此后也不会再向我提建议了。别人的关爱和好意必须接受,教学生的机会日后多得是,但在今天这样的场合,我必须做的是,用感恩的心去接受他的提醒,并及时予以回报。"

别人对自己"有恩"时，及时向对方表达谢意，那么双方的关系就会越走越近，从而形成一种和谐、友好、互助的人际氛围。

史书《战国策》中写道："人之有德于我也，不可忘也；吾之有德于他，不可不忘也。"学会施恩，懂得感恩，是成熟的体现，是成就人生、收获幸福的支点。心怀感恩之情，会感到快乐，懂得施恩、感恩的人，才是这个世界上最富有的人。

9.正视缺点，改造自我

杜鹃与猫头鹰在空中相遇。杜鹃见猫头鹰急匆匆的样子，忍不住问道："猫头鹰大哥，您这是要去哪里？"

猫头鹰答道："我准备搬家，换个地方开始新的生活！"

杜鹃不解："住的好好地，为什么要搬呢？"

猫头鹰满腹委屈："你是知道的，我非常喜欢唱歌，可这里的邻居根本不懂得欣赏，不但骂我是破锣嗓子，还指责我在夜里唱歌。"

杜鹃听后忍不住道："猫头鹰大哥，说实话，你的歌声确实不敢恭维，而且总是在别人睡觉的时候唱，打扰了大家休息，当然会受到指责了。所以，如果你依然如故，那么即使搬到别的地方，时间久了，同样会惹人生厌。但是，如果你能换一种声音，换个时间，不在夜里唱歌，大家就不会再讨厌你，你也不用再搬家了，这样不是更好吗？"

猫头鹰凄厉的"歌声"，打扰邻居休息，因而受到了指责。它认为大家都在排斥自己，索性搬离住所，换个环境生活，自以为这样就可以解决问题。很显然，猫头鹰并没有找到问题的症结，不肯正视自己的缺点，积极地改造自我。这样，即使再搬十次家，依然不会得到别人的认可。

很多二十几岁年轻人身上，都存在猫头鹰的毛病。他们本身有缺点，却不自知，使自己在人际关系上十分被动。如果这些人能够客观看待自己的缺点，听从别人意见，努力弥补自身不足，问题就可以得到解决。

"金无赤金，人无完人。"我们每个人身上都有这样那样的缺点，只是当局者迷，多数时候对自己的缺点视而不见。将缺点分开来看，一部分为"小节"，于成长、于人生并无大碍；一部分则关系到"大节"，若不及时改正会对人生造成不可估量的影响。古语云："蝼蚁之穴，可以决堤"，小看这些缺点，就为自己埋下了极大的隐患。

从某种意义上讲，缺点就是犯罪的基础，人们所犯的种种错误，都能够在缺点上找到根源。尽管犯罪与缺点有本质区别，但罪犯之所以犯罪，其主要原因就是不能对自身的缺点加以控制，放任自流，才会最终触犯法律，落得锒铛入狱。

所以，当别人善意地提醒、指出你的缺点时，请放下自己的面子与虚荣，客观地予以对待。要知道，敢于承认错误、正视缺点，不会有人取笑你，或许看不起你的只是你自己。别人的忠告与提示，是对你的帮助，你不该心生怨恨，还要感谢他的直言不讳，因为只有真朋友才会说真话，才会一针见血地指出你的缺陷。

逃避是无济于事的，逃避会让你失去朋友、失去机会乃至失去你自己。试想，一个连自己都不敢正视的人，成功会眷顾你吗？逃避，只会让你生活在困顿之中，解决不了丝毫问题。放弃逃避，勇敢地面对自己，你的眼睛会瞬间变得雪亮，你的心情会豁然开朗，你会发现成功的钥匙原来一直攥在自己的手里。

正视自己，改正缺点，说起来毫不费力，做起来却并非易事。缺点联系着人的喜恶与习惯，很多人之所以屡教不改，就是因为于他人、于社会而言，它是缺点；但于个体而言，它是人的主观意志，是"我就想这样"的一己意气，久之，意气变成了毛病、形成了习惯，再想改变着实很难。然而，人活于世，要的是什么？说得俗气一点，不就是想成为"人上人"吗？那么，不良习惯阻碍你的发展，你该怎么办？事实上，你只有两条路可选——其一，放弃自己、放纵习惯，让生活停留在某个阶段，一生无为，平平淡淡；其二，拯救自己，向习惯宣战，使自己的人生不断迈向新的层次，走向新的阶段。

　　二十几岁的人，为了人生更加美好，为了人生意义无限，必须放弃坏习惯，改掉缺点，不断完善自己。

第五章
20 岁培养多样能力, 30 岁方可力所能及

二十几岁, 刚从学校出来, 有最新的专业知识, 有最前卫的思想。但是, 仅凭这些与社会上各色人等打交道还远远不够。面对烦琐复杂的社会, 更需要有灵活自如的应付手段。而这一切, 需要我们懂得多样能力的培养。

1.培养自己的说话能力

开口说话，是一个人天生具有的功能，除了哑巴。但是说话能力，却不是天生的，我们看看那些口才好的人，没有不是经过刻苦训练的。相反，生活中也有很多人说不好话，说出的话总是不得体，容易引起别人的误会。

有个小伙子，因为有喜事，在家里请了客。时间到了，四位客人到了三位。焦急等待之时，小伙子忍不住说道："嗨，该来的怎么还没来？"

座中一客人听了，心中不快："这么说，我是不该来的了？"说着，他站起身就走了。

小伙子心中暗自叫苦，顺口说道："不该走的又走了。"

另一个客人听了，满面愠色道："难道我就是那个该走又赖着不走的？"说完也含怒而去。

一时间，座中只剩下一个客人。小伙子赶忙安慰他道："他们两位都误会我了，其实我不是说他们的。"

话音还没落，最后一个客人也拂袖而去。

一句话让人跳，一句话让人笑。同样的目的，表达方式不同，结果就会大不一样。这就是说话的精妙之处。

二十几岁的人应该从这个小伙子的故事中吸取教训，懂得说话也是一门艺术。综观古今中外的风云人物，无不具有良好的口才。凭着一副三寸不烂之舌，他们在各自的领域里挥洒自如，如沐春风。

"腰杆子"一向挺直的刘罗锅就是一个例子，他不仅能力强，有原则，更重要的是沟通起来很机灵，让乾隆皇帝不宠爱他都不行。

有一回，刘罗锅陪乾隆皇帝聊天，乾隆很感慨地说："唉！时光过得真快，朕就快成了老人家喽！"

刘罗锅看看皇帝一脸的感伤，笑着说："皇上您还年轻哩。"

"朕今年45岁，属马的，不年轻啦！"乾隆摇摇头，抬头看了一眼刘罗锅问："你今年多大岁数啦？"

刘罗锅毕恭毕敬地回答："回皇上，我今年45岁，是属驴的。"

乾隆听了觉得奇怪，于是问道："我45岁属马，你45岁怎么会属驴呢？"

"皇上，皇上属了马，为臣怎敢属马呢？只好属驴喽！"刘罗锅似笑非笑地回答。

"好个伶牙俐齿的刘罗锅！"皇上抚掌大笑，一脸的阴霾尽去。

从小故事中我们可以悟出，只有拥有了良好的口才，才能充分地发挥自己的学识才华，使个人的魅力熠熠生辉，从而事半功倍，业绩卓著。同样，在现代职场中，会说话对事业发展也至关重要。

小王和小李是某单位的两个专职司机。前不久，单位精简人员，两个人必须有一人下岗。于是，单位搞了一个竞争上岗，让两个人分别谈自己对将来工作的想法。

小王先上场，开始自己的演讲。他说如果自己将来能开车，一定会把车收拾得非常干净利索，遵守交通规则，而且保证领导的安全，同时要做到省油，不给单位增加负担等。小王滔滔不绝地讲了半个多小时，终于讲完了。

轮到小李上场了，他只讲了三分钟没到就下来了。他说他过去遵守了三条原则，如果能继续为单位开车，他还会遵守三条原则。这三条原则是：听得，说不得；吃得，喝不得；开得，使不得。

众领导一听，好！这个司机说得好！

小李说的好在什么地方呢？首先，听得，说不得，意思是说领导坐在车上研究工作，往往在没公布之前都是保密的。我只能听，不能说。第二，吃得，喝不得。因为工作原因，我经常要陪领导到这儿开个会，到那儿参加庆典，难免有这样那样的饭局。这时候，我该吃就吃，但绝对不喝酒，这叫保护领导的生命安全。头两条里，一是保守领导的机密，二是保护领导的生命安全。第三，开得，使不得。你别看我是开车的，但是只要领导不用的时候，我决不为了一己私利开公车，公私分明，不给领导脸上抹黑。

这样的司机，哪个领导不喜欢？于是，小李留了下来。

显而易见，小李能够留下来，并不是靠自己开车的技术，而是靠良好的口才。正是贴切地揣摩了领导的要求，把话说到领导的心窝里，使他获得了一个工作的机会。

好胳膊好腿儿，不如一张好嘴儿。无论在职场还是在商场，每一个环节都离不开一张巧嘴。尤其是在商场上，每场交易都少不了一番舌战。而那些胜出者，无不是口才出众、巧于言辞的人。

中午时分，一位衣着华贵的太太走进了一家时装店。她看上了一套时装，试了试非常合身，但看看标价，她又犹豫了，把衣服放了下来。显然她觉得价格太贵。

这时，站在一旁的服务员轻描淡写地说了一句话："刚才某某部长夫人也看上了这套时装，和您一样也觉得这件时装有点贵，刚离开没一会儿。"

话音刚落，那位太太当即买下了这套时装。

这位服务员能让那位太太下决心买下时装，是她抓住了这位太太"自己所见与部长夫人略同"和"部长夫人嫌贵没买，而自己要比部长夫人更强"的攀比心理，用激将法达到了自己的目的。

话不在多，而在于能否说到点子上。在关键时刻，简单的一句话，只要能说到点子上，就能有四两拨千斤的奇效。

工欲善其事，必先利其器。作为二十几岁的年轻人，要搏击人生，良好的口才是不可或缺的利器。但是，良好的口才，不要用来咄咄逼人、锋芒犀利地与人争辩。那样的话,我们和街头泼妇又有何异?

真正懂得说话艺术的人,总是当言则言,当止则止,即使得理,也要饶人,只有这样才能让人心服口服。

有一次,美国总统柯立芝在批评自己的女秘书时说:

"你今天这件衣服非常漂亮,你真是一位迷人的姑娘。只是我希望你打印文件时注意一下标点符号,让你打的文件像你一样可爱。"

对这样的批评,女秘书当然欣然接受。此后,她打印文件总是一丝不苟,很少出错了。

身为美国总统,柯立芝可以说是当时世界上最有权势的人了。但他并没有对一个下属施言辞之利、权势之威,而是通过欲抑先扬的方式,委婉地指出她的不足。看似平常的一句话,却透露出少有的睿智。

好马出在腿上,好人出在嘴上。作为二十几岁的年轻人,一定要练好说话的本领,培养说话的能力。会说话,是事业成功的突破口;会说话,是人际关系和谐的秘诀;会说话,是完美人生的关键。无论将来从政还是经商,练就一副铁齿铜牙都将使我们如鱼得水、如虎添翼。只有尽快地掌握说话的艺术和技巧,把话说到点子上,才能在人生舞台上尽快地脱颖而出,展现自我。

2.培养自己的换位思考能力

一个年轻人应聘到一家知名设备公司跑营销,在屡遭失败之后,对自己的营销能力几乎丧失了信心。

经理知后对他说:"听你前任老板说,你是个很有闯劲的小伙子。他还说特别不想放你走呢……"小伙子闻听此言，很受感动和鼓舞，他又冷静地对市场进行了调研分析，反思了自己的营销方法，发现自己过于强调产品性能优良和技术先进，而忽视了顾客的实际需要，没有设身处地为顾客着想。于是，该业务员转变营销思路，进行换位思考，终于大获成功。

年轻人的成功，在于懂得了换位思考。在工作和生活中，我们习惯以自己为中心，站在自己的角度去看别人，却很少从别人的角度去想，估计别人的感受。我们总是要求别人太多，要求自己太少，苛责多，宽容少。

事实上，我们更需要换位思考的能力，将心比心的理解。与人方便，就是与己方便；宽容了别人，也就是解脱了自己。

有一位少年去拜访一位长老，向他请教生活与成功之道："我怎样才能让自己得到幸福，同时又能带给别人快乐呢？"

长老看了看他说："我送你四句话，第一句话：把自己当成别人。"

少年想了想，说："在我感到痛苦忧伤的时候，把自己当成别人，痛苦就自然减轻了；当我欣喜若狂之时，把自己当成别人，那些狂喜也会变得平和一些，是这样吗？"

长老点点头，说出了第二句话："把别人当成自己。"

"在别人不幸的时候，"少年皱着眉头道，"真正用心去同情别人的不幸，理解别人的难处，在别人需要的时候，及时地给予帮助。"

长老微微一笑，又说出一句话："把别人当成别人。"

少年说："你的意思是让我充分地尊重每个人的独立性，在任何情形下，都要根据别人特点和需要来调整自己的行为。"

"说得很好！"长老眼中流露出赞许的目光，说出了第四句话："把自己当成自己。"

想了一会儿，少年遗憾地说："这句话的意思，我一时还悟不出来。而且这四句话之间也有许多自相矛盾之处，我用什么才能把它们统一起来呢?"

"很简单,用一生的时间和经历。"长老说道。

少年沉思良久,叩谢而去。

无论穷困潦倒,还是春风得意,时刻都不要忘了换位思考,想想别人,反思自己。只有这样,才能用理解和宽容对待每一个人,才能把敌人变成朋友,把朋友变成手足。

迈克·丹尼斯是美国南部一所著名大学的商学院毕业生,刚毕业时,意气风发、踌躇满志,立志要干一番事业,做成功人士。可进公司三个月后,他就觉得自己已经无法在这个公司生存下去了,决定辞职。这件事情被他的好朋友杰夫·唐知道了。

"你这个公司很有名气,我觉得你在空司的发展空间很大,为什么要辞职呢?"杰夫·唐问道。

"因为部门的同事都是小心眼,个个鼠目寸光,还都看我不顺眼,处处跟我过不去。最重要的是,经理是个无能之辈,在他手下,我没有出头之日,迟早要被废掉! 我已经忍无可忍了,要是不辞职的话,迟早要崩溃。"迈克·丹尼斯有些愤怒。

"为什么这么说呢?"杰夫·唐说。

"经理总是把活都给大家,他自己什么都不干,你说他有什么本事? 同事总是给我很多的活,这明明是给我过不去嘛! 还有,他们老是嘲笑我。你说,我能不辞职么? 我要是再干下去,用不了多久就会崩溃!"迈克·丹尼斯说。

"如果你是经理,你会怎么做呢?"杰夫·唐说。

"我不知道,我也没必要知道,我又不是经理。"迈克·丹尼斯说。

"从商学院毕业,你应该明白,作为管理者,他的主要任务不是冲到一线,而是要解决下属工作中的困难,为本部门争取到更多的资源。他要像其他人一样什么都干,那么,他就不是管理者了,而变成了员工。这个是经理扮演的角色决定的。"杰夫·唐说。

"可是,他也总不能把什么事情都让我们干吧?"迈克·丹尼斯语气虽然有些缓和，但还是一脸的不服。

"那你说他每天都是干些什么？是喝茶、看报纸、聊天吗？我想不是。你得站在他的位置上想想，为了协调整个单位的工作，他需要做些什么？为了协调部门间的工作，他又需要做些什么？为了解决下属遇到的问题，他需要采取什么措施？还有，他还要预测工作中会出现的问题，等等。这些都是他的职责，他怎么能啥都没干呢？"杰夫·唐反问道。

迈克·丹尼斯开始沉默。

一个人必须要学会换位思考。当你学会设身处地为他人着想时，你就真正长大、真正成熟了。换位思考不仅是成功之道，更是基本的道德需要。孔子说过：己所不欲，勿施于人。当你数落别人的不是时，请你站在他的角度，用他的身份考虑他的行为。作为二十几岁的年轻人，事业才刚刚开始，站在对方的位置上，为别人着想，才能把握主动，打开一扇扇通往成功的大门。

3.培养自己的时间管理能力

每天早上一睁眼，就有一笔财富在我们手里，那就是时间。只要拥有时间，那么我们就是富有的。每个人每天都拥有 86400 秒的时间可以支配。如果你不珍惜，时间就会像风一样从你的身边溜过，给日子留下一片苍白。当你懂得珍惜，知道让每一秒的时间都应该给生活涂上一抹色彩时，那么你的人生自然就绚丽起来了。

人类生活唯一的主题就是如何度过自己的时间。时间的管理本质上是对自己的管理，所以，时间管理能力的强弱是个人能力最主要的标志之一，是一个人核心竞争力之一，关乎一个人做事的效率和事业的成败。综观每一位成功人士,都是把握时间、管理时间的高手,一分一秒时间他们都不放过。

爱因斯坦,20世纪最伟大的物理科学家之一。在组织享有盛名的"奥林比亚科学院"时,每天晚饭后,他总是手捧茶杯,和与会者边饮边聊。在这看似无意的聊天中,一个个著名的科学创见相继问世。

哥白尼,原来是大主教秘书和医生。他把自己的工作闲余投身于天文研究,后来发表了撼动宗教界的"太阳中心说"。

菲尔玛,一个生活在法国图卢西城的普通律师,利用业余时间研究数学,竟然在解析几何、概率论等方面做出了杰出的贡献。

达尔文,进化论的创立者。从小一直到大学毕业,他都利用闲暇时间广泛采集动植物标本,最终成为举世闻名的生物学家。

作为二十几岁的年轻人,未来成就的大小,不仅要看忙碌的时候做些什么,更要看闲暇时做什么,不仅要看八小时工作干了什么,更要看八小时工作之外干什么。

在闲暇的时间里,有人在看书、读报,有人在交结朋友,编织关系网,有人在游历名山大川,丰富人生体验,有人进行艺术创作,在思维的空间里张开自由的翅膀……而更多的人则用来打牌、聊天、养猫、遛狗或者做一些毫无意义的事。

就在这闲暇时间的分分秒秒里,人生的差距一点点拉开了!

鲁迅先生说:"时间就像海绵里的水,只要肯挤,总是会有的。"他把别人喝咖啡的时候都用在了写作上。即使在病中,他也坚持写作,直到生命的最后一刻。作为中国文坛的一代巨匠,他为后人留下600多万字的文学遗产。

在美国著名杂志《福布斯》上,柯尔兹以69亿美元榜上有名。他拥有目前全球最大的旅游公司。从骑自行车推销奖券开始做到全美屈指可数的亿万富豪,柯尔兹只用了12年时间。这位传奇式的人物,有句名言在年轻人中间流传甚广:"星期一到星期五用来保持不落人后,星期六到星期天用来超过别人。"

　　时间有双重性格，最长也最短，最快也最慢。所以，我们必须对时间有个统筹，有个有效的支配和管理，培养自己的时间管理能力。

　　正确地组织和管理自己的时间可以使你做事情井井有条，使你能够将你的精力、才干和时间高效率地分配在你所遇到的问题上。时间管理就是耕耘你自己。时间管理实际上是你把有效的时间投资于你要成为的人或你想做成的事。

　　以下谈一谈时间管理的具体方法。

（1）制订计划

　　时间管理专家认为，你应该在一天中最有效的时间之前订一个计划。仅仅20分钟就能节省一个小时的工作时间。在每一天的晚上，把明天要做的事情列一个清单出来。这个清单可以包括公事和私事两类内容。在一天的工作中要经常查阅。比如，在等待开会时，看一眼你的事情记录，发现还有一封电子邮件没发出，可以趁间隙把它发出去。严格按照计划去做，当结束了一天的工作，把自己列出的事情全办完了时，你一定会有心满意足的感觉。

（2）利用最佳时间

　　一个人一天中精力各不相同，不同的人又各有差别。据统计，大约50%以上的人，其能动性在一昼夜之内有显著变化。其中17%的人早晨能动性高，33%的人在晚间能动性最高。我们把工作效率最高、能动性最强的那段时间称为最佳时间。每个人应从自己的实际情况出发，最大限度地发挥最佳时间的作用。

（3）保证重点

　　一个时期只有一个重点，一次只做一件事情。聪明人要学会抓住重点，首先解决重要问题，然后解决次要问题。所有高层次的领导都会明确自己的当务之急。杂志主编柯尔的办公桌上始终放着一期自己的杂志，这样，无论何时他被一些小事分散了注意力，只要看到那本杂志，就会即时回到正轨上来。确定当务之急的一个方法是建立一个行动一览表，每天晚上记下第二天要干的头几件事情，并且一天回顾几次这张日程表。

（4）应付意外拜访

一个办法是向他人道歉，说你日程安排得很满。如果这个拜访对你有用处，你可以选在低效率时间接见。有些电话可能会出其不意地打断你的工作，可以用一些措辞结束电话聊天，比如"在我们挂电话之前……"如果不接那些频繁的电话，你能节省更多时间。

（5）学会说不

要学会把握时间，对于不必要的会面要予以时间限制。自己也不要在不必要的地方逗留太久。学会拒绝也是获得自由的一部分。

（6）提高通话效率

尽量通过电话来交流沟通信息。打电话前要有所准备，通话时要直奔主题。工作时间，不要在电话里传达无关主题的信息与感受。

（7）避开高峰

在日常生活中，排长队、交通拥挤等会浪费很多时间。所以，我们应当尽量避开这些高峰，选择合适的时间去做，会节约一些时间。

（8）考虑时间成本

是情愿排队等候 1 小时购买 1 份 5 元的早餐，还是多花 5 元钱到 50 米外的餐馆吃饭？假若你能在 1 小时内创造比 5 元钱更多的财富，那么你就该考虑等候所花的时间成本了。利用技术保存你的工作记录在计算机上而不是笔记本里。这样，当你需要某些信息时，从计算机上搜寻比在笔记本中翻找节省一大截时间。对待时间，就要像对待经营一样，时刻要有"成本"的观念。

（9）避免无谓的争论

无谓的争论，不仅影响情绪和人际关系，而且还浪费时间。如果有暂时解决不了的问题，可以搁置起来，过段时间再议。

（10）把精力用在最见成效的地方

曾经就读于哈佛大学的威廉·穆尔在为格利登公司销售油漆时，头一个月仅挣了 160 美元。他仔细分析了自己的销售图表，发现他的 80％收益来自 20％的客户，但是他却对所有的客户花费了同样的时间。于是，他要求把他最不活跃的 36 个客户重新分派给其他销售员，而自己则把精力集中到最有希望的客户上。不久，他一个月就赚到了 1000 美元。穆尔从未放弃这一原则，这使他最终成为凯利—穆尔油漆公司的主席。

盛年不重来，一日难再晨。对于一个有志于未来的年轻人来说，每一分钟都是实现梦想的良辰，都值得珍惜和拥有。要想在事业上有所成就，就必须珍惜今天金子般的年华，抓住生活中的点滴时间，把每一分钟都充分利用起来。

二十几岁的人，好好把握时间吧！只有这样，才能在人生的道路上取得累累硕果。

4.培养自己的自控能力

所谓自控能力，是一种内在的心理功能，它使人能自觉地进行自我调控，控制自己的不当欲望和行为，使活动始终处于良性运行的轨道上，从而积极、持久、稳定、有序地实现一个又一个目标。

心理学家经过长期研究认为，一个人的成功不仅要靠智商，更要靠情商。情商的要素之一就是人的自控能力，从某种意义上讲，情商表现的是人们通过控制自己的情绪来提高生活品质的能力，即激活自己的潜能，克制自己的情绪冲动，使自己对未来充满希望等。

当一个人失去了冷静，不能恰当控制自己情绪的时候，会迎来极其糟糕的境遇，吉维就是这样一个"倒霉"的人。

吉维是英国一家知名百货公司某部门的负责人，事业正一片光明。但有一天下午，如火如荼的世界杯足球赛开始了，吉维这个超级球迷虽然人坐在办公室里,但心早就飞走了,他草草处理完手头工作,就想去找个有电视的房间看一会儿比赛。可是他又很清楚,公司的劳动纪律非常严格,他擅自离岗被发现的话,就会被开除。

经过一番激烈的思想斗争之后,吉维想:"老板对我很放心,一般不会来查我的岗,我只看一会儿就回来。"于是他没有控制自己看球的欲望,擅自离岗半小时,这半小时却足足影响了他一生的走向。

就在吉维尽情地欣赏球队精彩的表演时,许久不曾到下面各部门走动的老板,很随意地走进了他的办公室,并在他的办公桌前坐了10分钟,却一直不见到他的影子。于是,老板动怒了,他在吉维的桌子上留了一张纸条:"吉维先生,既然你那么喜欢足球,我看你还是回家尽情地欣赏好了。"

失业的吉维辗转应聘了几家公司,但始终未能找到适合的位置,收入每况愈下,渐渐潦倒起来。后来,他竟长时间失业在家,借酒浇愁……

接替吉维职务的是他的同事马克,当时,马克无论是工作经验还是办事能力,都明显逊色于吉维。若不是吉维被辞退,恐怕他一生都只会是一个默默无闻的小职员。但十五年后,马克却成了拥有三十万员工、子公司遍布五十多个国家的大集团总裁,成了世界级的管理大师。

2000年,马克结束了在牛津大学的一场颇为轰动的讲演,被人流簇拥着走到大厅门口时,他意外地遇到了已沦为乞丐的、面色苍白的吉维……

现实生活中有许多人像吉维一样,仅仅因为没有控制住自己,而使自己的生活变得一团糟。他们毁了自己的理想,打乱了自己的生活,甚至影响了他人的生存状态。

人常会因为毫无节制的狂热而骚动不安,因不加控制的悲伤而浮沉波动,因为焦虑和怀疑而备受摧残。只有明智的人,能够控制和指导自己思想的人,才能够控制心灵所经历的风风雨雨。一个人无论身处何方、何境，都应该牢牢地控制住自己的情绪。

作为二十几岁的年轻人，不乏勇气和力量。但如果不能为自己勇气和力量加上一把安全锁，不能很好地控制自己的话，很容易陷入被动和困局。

古人说："天下有大勇者，猝然临之而不惊，无故加之而不怒。"我们应该时刻提醒自己，学会制怒，学会忍。为了自己的未来，有些气我们必须要去忍，有些不平我们必须学着去面对。

面对大千世界的种种诱惑，面对自身的种种欲望，我们必须时刻保持冷静的头脑，用理性控制自己的行为。

在日本，一提起坪内寿夫，几乎家喻户晓。作为日本的十大财阀之一，他和"松下电器"的松下幸之助、"丰田汽车"的丰田英二一样，都是日本经济界举足轻重的人物。

然而在年轻的时候，坪内寿夫非常喜欢抽烟喝酒。每天要喝一升酒，抽 80 支烟。

有一天，他去银行办理贷款。银行的办理人员对他说："坪内先生，你抽烟这么厉害，我们很为你担忧呀。"

听了此言，坪内十分吃惊："我自己抽烟跟你们有什么关系呀？"

"这当然有关系了，坪内先生。"对方指着桌上的一个烟缸，真诚地说："你看，只一小会儿，你就抽了满满一缸的烟灰，而且我注意到你每次来都是这样。我倒不是说你在这里抽烟有什么不方便，而是长此下去，肯定会影响你的健康的，你可是我们的大客户呀！"

以往，坪内也从亲友那里听到过抽烟的坏处，但这一次他终于明白了：抽烟不仅对自己的健康有害，而且还会严重影响自己的一系列商业行为。

坪内寿夫当即决定戒烟，但他这样抽烟如此厉害的人，戒烟谈何容易？不过，他既然下了决心，就一定要把烟戒掉。

第二天，他一连抽了 200 支烟，抽得自己口干舌燥，嗓子冒烟，直想呕吐。从此以后，他真的再也没有碰过烟。

后来，他又听从医生的建议，把酒也戒了。

为了戒烟戒酒，坪内寿夫对自己的节制几乎到了残忍的地步。后来，坪内寿夫拥有了日本最大的造船厂和钢铁厂，还拥有银行、饭店等许多产业。在日本，他甚至被人们公认为"神""魔鬼"。之所以能够取得的这些成就，毫无疑问都是与他当年对自己那种狠劲分不开的。

自控能力是成功的重要元素，培养自控能力是一本万利的智能投资，有了良好的自控能力，才能有毅力和耐心去实现你的事业目标。

二十几岁的我们，随着思想的慢慢成熟，也要培养自己出色的自控能力。只有成功地驾驭自己的情绪和行为，才能牢牢掌控自己的命运，进而掌控自己的未来。

5.培养自己的独立能力

有一年，美国加州的蒙特雷镇发生了一场鹈鹕危机。蒙特雷是鹈鹕的天堂，可那一年鹈鹕的数量骤然减少，生物学家担心出现了禽鸟瘟疫，环境学家认为海水污染已超过极限，一时间人心惶惶。

科学家们最后发现原因是镇上新建的钓饵加工厂。以往，蒙特雷的渔民在海边收拾鱼虾时，总是把鱼内脏扔给鹈鹕吃。久而久之，鹈鹕变得又肥又懒，完全依赖渔民的施舍过活。后来蒙特雷镇建起了一座加工厂，从渔民那里收购鱼内脏，作为原料生产钓饵。自从鱼内脏有了商业价值，鹈鹕们的免费午餐就没了。

过惯了饭来张口的日子，鹈鹕仍然日复一日等在渔船附近，期盼食物能从天而降，不用说，救命的鱼内脏没有降临，它们变得又瘦又弱，很多都饿死了。世世代代靠别人养活的蒙特雷鹈鹕已经丧失了捕鱼的本能。

或许现在的你，也正像蒙特雷鹈鹕一样，为一直以来吃着父母提供的食物而沾沾自喜。吃饱了上一顿，继续等待家人提供下一顿，可你为什么不想想鹈鹕失去免费食物后的潦倒状况呢？

任何时候，人都要靠自己活着，而且必须靠自己活着。在人生的不同阶段，尽力达到理应达到的自立水平，拥有与之相适应的自立精神，这是当代人立足社会的根本基础，也是形成自身"生存支援系统"的基石。试想，缺乏独立自主个性和自立能力的人，连自己都管不了，还能奢望成功么？

据说，在一个招聘会上，曾出现这样一幕：一个老人在各个摊位前忙个不停，填了六十多份各类求职应聘表，并且不断向招聘单位咨询。许多人以为他是来找工作的，一打听才知道，他所做的一切都是为了 26 岁的儿子。此时此刻，他的儿子正在家"赋闲"。他一天到晚除了吃饭睡觉，就是聊天、玩牌、上网。

二十几岁的年轻人，如果还不具备独立的能力，在竞争激烈的社会里将很难生存下去。当一个人的自立意识、自我管理能力都比较差，依赖心理比较严重时，是很难获得事业的成功的。如果想在这个世界上生存下去，生活得好，就应该靠自己的努力去争取。让自己独立，依靠自己是唯一稳妥的生活方式。美国的富商、石油巨子大卫·洛克菲勒的成长经历就是很好的例子。

大卫是石油大王约翰·洛克菲勒的儿子，他出生的时候，家里已经有亿万的财产，可他们兄弟每周只能得到三角钱的零用钱。同时，按父亲的要求，每人必须准备一个小账本，将三角钱的使用去向记录在上面。经过检查，如果使用合理，还能得到奖励。

他的父亲让他从小就懂得了金钱的价值，零用钱是有限的，如果想获得更多的钱，怎么办？方法只有一个：自己去赚。

大卫小的时候，从家庭杂务中挣钱，例如捉走廊上的苍蝇100

只,得一角钱;抓阁楼上的老鼠,每只可得到 5 分钱。他有一招更绝,他设法取得了为全家擦皮鞋的特许权,然而他必须清晨 6 点起床,以便在全家人起床之前完成工作,擦一双皮鞋五分钱,一双长筒靴一角钱。

大卫有一位大学同学,是花钱大手大脚的富家子弟,甚至可以在开口索要之前就得到想要的任何东西。可大卫说:"他是我认识的最不幸的人,他换了无数次工作,总不会发挥自己的能力。"

正是这种"想要用钱自己挣"的思想,激励着大卫后来取得了辉煌的成就,将父亲约翰·洛克菲勒的财富延续下去。

毫不夸张地说,独立与自立的能力,是人生当中最为重要的能力,是我们自信的核心源泉,也是人生开放的根基。

二十多岁正是朝气蓬勃的时候,不管你的家底多么丰厚,也不应该待在家里"坐吃"父母,一味"啃老",而要多寻找机会锻炼自己,独立自强。只有培养自己的独立能力,才是今后获得幸福生活的资本;而依赖和懒惰,尽管可以给现在的你提供了安逸的生活,却是你精神上的毒瘤,让你的人生腐朽堕落潦倒。

6.培养自己的创新能力

富翁的两个儿子长大了。这些日子,富翁一直在苦苦思索,到底让哪个儿子来继承遗产?富翁百思不得其解。想起自己白手起家的青年时代,他忽然灵机一动,找到了考验他们的好办法。

一个清晨,富翁锁上了宅门,把两个儿子带到 100 公里外的一座城市里,然后给他们出了个难题,谁答得好,就让谁继承遗产。

富翁交给两个儿子一人一把钥匙、一匹快马,看他们谁先回到家里并把它门打开，谁就可以继承遗产。

两个儿子都想得到父亲的遗产，于是暗暗铆足了劲。马跑得飞快，兄弟俩几乎是同时到家。但是面对紧锁的大门，两个人都犯愁了。哥哥左试右试，苦于无法从手中那一串钥匙中找到最合适的那把；弟弟呢，则苦于没有钥匙，因为他刚才光顾着赶路，钥匙不知什么时候掉了。

两个人都急得满头大汗。突然，弟弟一拍脑门，有了办法，他找来一块石头，几下子就把锁给砸了，他顺利进去了。自然，继承权落在了弟弟手里。

这个小故事告诉我们：人生的大门往往是没有钥匙的，在命运的关键时刻，人最重要的不是墨守成规的钥匙，而是一块砸碎障碍的石头。用石头就是变通，就是创新。如今，创新能力成了这个社会最缺乏、最紧要的一种能力。

想成功的人，为了取得对尚未认识的事物的了解，总得探索出前人没有用过的思维方法。作为二十几岁的年轻人，更要挣脱思维定式的束缚，敢于想象，敢于尝试，培养创新能力。具体来说，培养创新能力需要注意以下几点。

（1）培养自己的质疑能力

学贵在有疑，敢于质疑，就是创新思维的开始。年轻人应该保持对未知事物的好奇心，做到博学而不浮躁，专注而不死板，打下良好的基本功才能有所创新。

眼下，很多年轻人不仅学识浅显，而且对身边事物漠不关心，即使在现有的制度和规则下都难以完成任务，又如何能创新？

（2）展开想象的翅膀

创新，必须以联想、想象为基础。爱因斯坦说过：想象力比知识更重要，因为知识是有限的，而想象力概括着世界的一切，推动着进步，并且是知识的源泉。

飞机发明之前，莱特兄弟向人们描述发明天上可以飞的东西，所有人都不相信,认为他们是疯子,怎么可能让那么笨重的铁的东西在天上飞?这是不可能的事情。莱特兄弟相信能做到,他们克服障碍终于成功了,这完全是莱特兄弟因想象而创造出来的。

因此,二十几岁的年轻人,要鼓励自己多联想。千万不要告诉自己这样行不通,那样是不可能的。在这个科技飞速发展的社会,没有什么是不可能的。没有做不出来的东西,只有想不出来的东西。只要你敢想,就能变成现实。

(3)有坚定的信念

不要走别人走过的路,而要走新路,要敢于做别人做不到的事情。创新的过程是一个艰辛的历程,不仅需要清楚的目标、执著的精神,更要有承受遭人冷落、失败挫折的心理能力。比如,当你想要突破常规,做别人没做过的事的时候,你周围的人可能会认为你不正常、异想天开,因此而嘲笑你、疏远你。这些都不重要,重要的是你做到了他人无法做到的事情,这也是现在及未来让你感到自豪的事情。

当然,创新不一定就是彻头彻尾地改变,否定以前的一切,它可能是对自己资源的一种全面整合,它也可能是对自己未知的潜质的一种挖掘。很多事实证明,那些成功的人,并不一定是学历最高、最守规矩、最勤快的人,而是那些肯动脑筋、突破常规的人。

(4)换个角度看事物

一次,某单位举办讲座,邀请一位教授给全体管理人员讲授"企业的可持续发展战略"。在讲授之前,教授给大家出了一道有趣的思考题:"很远的地方发现了金矿,为了得到黄金,人们蜂拥而去,可一条大河挡住了必经之路,你们会怎么办?"

一石激起千层浪,会场上顿时热闹起来。有的说,游过去。有的说,绕道走。但教授却笑而不语。良久,教授才严肃认真地说:"为什么非要去淘金,为什么不可以买一条船搞营运,接送那些淘金的人,这样照样可以发财致富!"

全体愕然。教授接着说："人们为了发财，即使票价再贵，也心甘情愿买票上船，因为前面有诱人的金矿啊！"大家顿时明白了。

其实，许多最有创意的解决方法都是来自于换个角度想问题。对待同一件事，按正常的想法行不通时，从相反的方面往往就能解决问题，甚至于最尖端的科学发明也是如此。所以，爱因斯坦说："把一个旧的问题从新的角度来看需要创意和想象力，这成就了科学上真正的进步。"

要培养创新能力，平时就必须培养自己的发散思维。对一个问题，找出的答案越多越好。在一个问题的所有答案中，充分表现出思维的创造性成分。比如，在思考一支铅笔的用途时，你至少可以得出这样多的答案：写字、绘画、当发簪、做书签、当尺子画线，它削下的木屑可以做成装饰画，在遇到坏人时，削尖的铅笔还能作为自卫的武器。千万不要以为铅笔只有一种用途：写字。

（5）不断地尝试

二十几岁是蓬勃向上的黄金时节，不满足现状可以说是天生气质。如果没有敢为人先的探索，没有不断的尝试，任何理想到头来都只能是空想。很多新事物都是在不断的尝试中摸索出来的。鲁迅有一句名言：其实地上本没有路，走的人多了，也便成了路。我们寻找道路的过程，实际上就是不断尝试的过程。在尝试的过程中，必然会经历很多挫折，千万不要被挫折打败。

7.培养自己的抗挫折能力

挫折是指个体在动机的驱使下进行有目的活动时遭受失败，导致其动机驱力不能得到正常的疏泄而产生紧张状态与情绪反应。现在社会上，对抗挫折能力差的年轻人，有一个特别的称号，叫"草莓族"。意思就是外表看起来鲜亮，内心却很脆弱，经不起挫折打击的一族。

2010年上半年，被炒得沸沸扬扬的富士康员工接二连三的跳楼事件，着实让人吃惊。十来个年轻人，像中了魔咒一般陆续结束了生命。我们不去分析其他的原因，单就这一事件，也折射了一种可怕的迹象：现在有的年轻人心理承受能力实在太脆弱了，简直是不堪一击。

一个人的一生不如意十有八九，那些不如意就是挫折。一个人只有把挫折看成自己的一个起点、看做是增长才干的际遇，才会迎着光明走出困境。一个人若在挫折面前胆怯，不积极抗争，那么恭候他的一定是更为灰暗的苦难。

作为年轻人，经常遇到的挫折似乎更多，这可能和年轻人情绪容易波动，而面临的人生变化和选择相对较多有关。但是，无论什么原因，都要求年轻人要对挫折加强认识，提高自己的抗挫折能力。

我们来读一读金利来的掌门人曾宪梓年轻时候的故事。

曾宪梓年轻时也是一个默默无名、在社会底层混生活的人。但经努力，他发现领带市场存在着广阔的发展空间，于是，就按照当时的审美观设计出了一种新样式的领带。

领带被开发出来后，由于品牌没有名气，没有像他预期那样打进广阔的市场。于是，他决定亲自出马去推销领带。

一天，在街上观察了很长之间之后，他将目标锁定在一家西装品牌店。他直接找到这家店的老板，开门见山地自我介绍道：

"你好，我是来推销领带的，我仔细观察了很久，我们公司的领带正好能够……"

"出去，出去，我们这里不需要！"还没等他说完，西装店的老板就不耐烦地将他赶了出去，甚至还骂了他好几句。

遇到这样的情况，曾宪梓十分尴尬，脸上好像被人吐了一口唾沫那样难堪，他恨不得在地上找个洞钻进去。

出来之后，他懊恼地在街边踱了很久，忽然想到父亲跟自己说过的一段话："孩子，如果你也遇到了这样的情况，先不要计较别人为什么会骂你，而是先想想自己做错了什么，自己有没有做得不好的地方。"

父亲的话提醒了他：是不是自己用的方法不对，才导致对方的拒绝？想到这一点，曾宪梓立刻改变了策略，他走到街边的一个咖啡馆买了一杯咖啡之后，再次走进了那家西装店。

"你怎么又来了？你这个人的脸皮怎么那么厚！"看到刚才那个不懂事的毛头小伙子再次走进来，老板立刻气不打一处来地问道。

但这次，曾宪梓丝毫没有觉得难过，反而诚恳地对那个老板说："先生，真是很对不起。我这次过来不是推销领带，我特意买了咖啡来向您道歉。我想，我让您那么生气，一定是因为我做错了什么，您能告诉我，我究竟做错了什么吗？"

听曾宪梓这么诚恳，本来还火气十足的老板觉得再责备他面子上也过不去，于是就微笑着请他坐下来，告诉他："小伙子，哪有你这么推销的？你知道我刚才在做什么吗？"

看曾宪梓一副难以理解的样子，他哈哈大笑道：

"看来你也是个初出茅庐的小伙子，我刚才正在和一个大客户交谈。谈成了，我的西装店就能赚很大一笔钱，但偏偏就在我们谈得热火朝天时，你插了进来，你说我生气不生气？你差点让我失去一笔大生意！"

"原来如此！"听到这里，曾宪梓才如梦初醒，脸一下子羞得通红，局促不安地站在那里。

"小伙子，这样吧，我看你的态度这么诚恳，就留下你的领带样本，我看过之后会给你答复的。"

后来，这个西装店的老板在比较之后，觉得曾宪梓的领带不错，就从他那里买下了很多领带，曾宪梓也第一次推销出了自己的领带。

　　曾宪梓将那天那个老板对自己所说的道理谨记在心，在下次上门推销时充分弄清对方当时当地的处境，找合适的机会推销。

　　曾宪梓的这个招数果然见效，为金利来领带打开了市场，并使"金利来"这个品牌迅速跃居名牌之列。

　　其实，"金利来"领带之所以会有今天的名气，与当年曾宪梓经受住了挫折的考验是分不开的。试想，如果当时曾宪梓吃了闭门羹之后就一蹶不振，就会从此失去再次推销领带的勇气。

　　因此，一个人一定要培养抗挫折的能力。两千多年前孟子就说过："天将降大任于斯人也，必先苦其心志，劳其筋骨，饿其体肤，空乏其身，增益其所不能……"孟子的这一名句所以千古传诵，就是因为它揭示了人才成长的规律，经受过大的挫折磨难的人才会有大的作为。那么，作为二十几岁的我们，挫折更是有力度的人生考验，没有这种考验，日子只会过得平庸，很难在而立之年有作为和成大事。

8.培养自己敏锐的洞察力

　　牛顿看到苹果落地，发现万有引力。而人人都看到苹果落地，却没有想到。牛顿能想到，这就是他的洞察力。洞察力是什么？简单来说，洞察力是人们对个人认知、情感、行为的动机与相互关系的透彻分析。通俗地说，洞察力就是透过现象看本质。而用弗洛伊德的理论来解释，洞察力就是变无意识为有意识。就这层意义而言，洞察力就是"开心眼"，就是用心理学的原理和视角来归纳总结人的行为表现。

　　在生活中，我们经常会发现，有的人擅长察言观色，对方一个眼神就知道对方要说什么，有的人则迟钝，别人反复强调某事，他也不解其意；有的人看到路上的蚂蚁搬家就知道要下雨了，有的人雨点打在身上也感觉不到天气变化；有的人一个地方去过很多次都记不住，而有的人到陌生地方总不会迷路……这些，都是一个人有否敏锐洞察力的表现。

具有敏锐洞察力的人更容易成功，因为他们往往能看到事物的本质，能通过过去和现在的情况准确地推测未来。

有这样一个笑话。

一天，法国侦探小说作家西姆农和他的好朋友帕尼奥尔沿着一条大道散步。西姆农忽然吹起口哨，惊叹道："上帝啊，这位女士一定非常漂亮！""女士？"帕尼奥尔惊异地问道，"我只看到几个小伙子呀。""不，她在我们后面。"西姆农从容答道。"后面？你怎么能看到后面的东西？""我看不到她，"西姆农微笑着回答说，"但我可以看到迎面走过来的那些男人的眼神。"

这虽然是个笑话，但却表现了西姆农的洞察力。洞察力不仅仅包括对事物细致的观察力，还包括观察后通过缜密分析，得出结论。一般洞察力强的人，都思维敏捷、情感细腻。实际上，洞察力就是细心加上你的思维能力。作为二十几岁的年轻人，要培养敏锐的洞察力，平时生活中就要做个"有心人"。

（1）保持好奇，发现问题

古往今来，许多伟大的发明创造都是由于好奇心驱动而发明的。水壶里的水被烧开以后，为什么会把壶盖顶起来？苹果熟透了，为什么会落到地上？所有的日月星辰，为什么都是东升西沉……科学家们就是对这些产生了好奇心，才夜以继日、废寝忘食地去研究它们，最后才造出了蒸汽机，才发现了万有引力定律，才出现了地心说以致后来出现了日心说……

好奇心是开启智慧之门的钥匙。二十几岁的我们，保持少年时候的天真和好奇是一个非常好的心态。当在生活中看见某种现象，不妨问问自己为什么会是这样,而不是那样?喜欢推究事情的前因后果是一种爱好,也是提高洞察力的途径。在工作和学习上,对任何事情都要带着疑问,尽量满足自己的好奇心。

(2)敏锐思考,分析问题

很多年轻人工作起来似乎从来不多加思考,不分析,只是按别人的指示做事,凭感觉工作。结果,上次做过的事情,这次还是不会做。就像那些路盲一样,一个地方去过很多次,永远也不记得如何走。

我们对一件事物的思考过程,实际上就是我们的认知从现象到本质、从感性到理性、从具象到抽象的过程。思考其实就是分析过程。由于思考,我们才能够认识事物内部、事物与事物之间的联系。在思考的过程中,要学会对照比较、归纳概括、融会贯通、举一反三。比如,一件事情的发生是必然的,还是偶然的?它为什么会发生?今后是否还有发生的可?等等。《惊弓之鸟》的故事,大概每个年轻人都读过。

战国时,更赢是有名的神箭手。一天,他跟魏王聊天,抬头见天空有鸟飞来,他便对魏王说:"我不用箭,便可射落天上的飞鸟。"魏王不信。更赢摆好姿势,拉满弓弦,待大雁刚飞到头顶上空,便拉开弓。只听一声凌厉的弦声,大雁在空中扑棱几下,便一头跌落下来。魏王惊奇得不相信自己的眼睛。更赢放下弓,解释道:"不是箭术高超,而是这只大雁有隐伤,听见弦声惊下来。""你怎么知道它有隐伤?"更赢回答道:"这只大雁飞得慢,叫声凄厉。根据我过去的观察,飞得慢,是由于旧伤疼痛,叫声凄厉,是因长期离群。旧伤口没有痊愈,惊惧的心理还没有消除,因此,听到弓弦响就想惧逃高飞,可是翅膀猛一用力,牵动了旧伤,所以跌落下来。"

更赢就是通过观察、分析得出结论。大雁有隐伤,因而只拉弓,不射箭就惊下了大雁,表明他有敏锐的洞察力。

(3)善于积累,丰富自己

培养敏锐的洞察力,离不开平时生活经验的积累。比如,在工作中,经常会有这样的情况:观察和研究同一件事,不同的人得出的结论不同。年长的经验丰富,遇到的事情多、思路广,因此工作效率高,而且一步做到位;很多年轻人因经验不够,所以思路不对、方法也不当,工作容易犯错误,经常需要返工,甚至盲目决策,造成重大失误。

经验越丰富,洞察力越强。只有多了解实际情况,丰富自己的经验,多积累,思考才能更深入,洞察力才能更强。因此,年轻人要多看书,多了解一些生活规律,用前人的经验来充实自己。比如,可以读一些文学、哲学思想方面的书,这些都是前人经验的结晶。读书就是在增加你的生活阅历,而读哲学著作能让你的思想变得深刻而富于辩证。另外,培养广泛的兴趣爱好,积极投身于生活实践,有意识地增加社会实践的机会也是一条途径。

"世事洞明皆学问",有洞察事物习惯的人,会随时寻求对事物的理解;有洞察力的人,随时都在追究事情的本质、行为的动机、现象后面的意义。二十几岁的我们,要懂得培养自己敏锐的洞察力,才能在成功的路上走得更远。

9.培养自己的领导能力

一个人要想在 30 岁时成事,就必须培养自己的领导能力,让自己成为受欢迎的人。因为,一个人的发展必须要得到别人的支持和帮助。

让自己成为受欢迎的人,不是一味地取悦别人,关键是要培养优秀的气质。如果你只是一味地取悦别人,可能会暂时讨人喜欢,但会失去真正的自己。于是,讨好别人的日子久了,你就可能会发现,你的交往范围扩大了,而你却越来越找不到自己了。

以失去自我为代价去取悦别人,不如先喜欢你自己真正的样子。这是使自己成为受人欢迎的人的基础。

培养自己喜欢的特质,即你所以是你自己的品质,这些是相当珍贵的,如果你真的希望某个人做你的朋友,他就应当喜欢你的这些特质。作为二十几岁的年轻人,应该培养哪些品质呢?

(1)学会独处

你可能觉得惊讶,但这与如何受别人喜欢并不矛盾。一个人如果不能和自己好好相处,还怎么能期望别人与你好好相处呢?

(2)培养你的享乐能力

放慢自己的脚步,好好欣赏一下自己所做的事情,尽量参与周围的事情,如果事事都做旁观者,你就会觉得自己不重要,周围的事情也不重要。然后,期待一切愉快事情的发生,如果真的发生了就庆贺一番,强化你愉快的感觉。

(3)不要讥讽任何人

如果你喜欢讥讽别人,你可能就会觉得世界上的人都是自我中心,都只顾自己的利益,而且会认为世界上没有一个人是真诚的、宽容的,每个人都想占别人的便宜,一点也不想付出。比讥讽本身更糟的是,你得继续用讥讽掩盖你的这种违反道德的行为,直到你对整个世界、整个人类都嗤之以鼻。对于你认为重要的事情,如果你和别人持相反的意见,就准备面对他们的责难吧。这可以让你了解自己的目的和获得别人的认同,也可以让别人知道你具有坚定的信念。尝试培养感受和关心别人经验的能力。学会分享朋友的快乐。你是自己创造的,所以你可以把自己塑造成理想的自我。

做到了以上几点,你就能成为一个受别人欢迎的人。尽管这与我们要培养的管理才能仍有一定的距离,但起码为其打好了基础。接下来要做的就是尽快地培养起自己的领导才能。

首先,你要学会与那些你想影响的人们交换意见。这是使别人,比如你的同事、朋友、顾客、员工,依照"你所希望的方式"去做的秘方。考虑问题尽可能地周到,处理事情时要多思考还有哪些不符合人性的地方。人人都用自己的方法来领导别人,但是总有一种最好的、最理想的符合人性的方法。

其次,追求进步。相信自己和别人还有可以进步的空间,更要推动帮助进步的行动。在每一个行业中只有精益求精才能够不断发展。挤出一点时间和自己交谈、商量或进行有益的思考。领导人物都特别忙碌,但是我们常忽略的一点是,领导人物每天都要花许多时间来单独思考。无法忍受孤独的人,会随着岁月的流逝变得心胸狭窄,眼光短浅,行为也变得幼稚可笑,当然不会有坚忍不拔、沉着稳健的作风。忽略了自己的思考能力不可能成为出色的管理者和领导者。领导阶层和管理阶层最主要的工作就是思考,迈向领导之路的最佳准备也是思考。

因此,我们每天都应该抽出一定的时间练习单独思考,朝着成功的方向去思考。久而久之,你就会发现,你已经培养起了你的领导气质和你的管理才能。

在当今世上只有两种人:一种是领导者、管理者;另一种是追随者、被管理者。当你初涉人世开始工作的时候,首先要做出决定,你是要在你所从事的行业中做一个领导者、管理者,还是做一个追随者、被管理者。大多数领导者和管理者一开始的时候多是以追随者和被管理者的身份出现的。他们之所以能够成为杰出的领导者与管理者,是因为他们能够聪明、有效地跟随领导他的人,学习领导者和管理者的特质,不断学习领导和管理才能。

10.培养自己的决策能力

一位年轻的伐木工人在伐木时不幸被伐倒的树压在大腿上,瞬间流血不止。因是单独作业,周围无人救助,年轻人也没带紧急救助的医疗器具。他深知:若不将压在大腿上的大树移走,听凭血流下去,自己将会因失血过多而丧命。他也想用电锯将压在腿上的树锯断移走,但怎么都达不到目的。怎么办? 情急之中他当机立断,用电锯将自己的大腿锯断。结果如何? 大腿丢了,但是性命保住了。

应该说,这位年轻伐木工人的决策是正确的,若是迟疑不决,优柔寡断的,光想等人来救,后果将很难说。"当机立断,不受其乱。"这位伐木工人就具有果断决策的能力,是值得年轻人学习的。

世间最可怜的人就是那些举棋不定、犹豫不决的人。一旦遇到事情,常常会束手无策,自己毫无主意。这种人,既不相信自己,也不会为他人所信赖。他们不敢决定事情,不敢担负责任。

有一位西方的哲学家,从小就好学上进,工作后更是整日埋头苦读,研究哲学。他的勤奋好学,得到了一位美丽姑娘的青睐。有一天,这位姑娘对他说:"我嫁给你吧。"这个哲学家平时忙得没顾得上考虑婚姻问题,他觉得现在一个人也挺好,至于婚姻问题,还是先考虑考虑再说。于是哲学家就开始思考来比较去地在那儿琢磨。犹豫了十年,他终于定下来了,然后他对姑娘的父亲说,请把你的姑娘嫁给我吧? 姑娘的父亲说:"亲爱的先生,你来得太迟了。我的女儿已是三个孩子的妈妈了。"哲人回家后,后悔不已,结果就郁闷而亡。临死的时候,他焚掉所有的书稿,只留下两句话:"前半生不犹豫,后半生不后悔。"

　　作为二十几岁的年轻人，万万不可像故事中的哲学家一样，遇事拿不定主意，以致错失良机。无数的事例告诉我们，获得成功的最有力的办法，是迅速决定怎么做一件事。排除一切干扰，一旦决定，就抓紧实行。这点，李嘉诚的故事非常值得学习。

　　李嘉诚在香港及亚洲经济界占有举足轻重的地位。李嘉诚的成功，果断决策起了决定作用。反应敏锐，果断处事；能进则进，不进则退。

　　20 世纪 50 年代中期，欧美市场兴起塑料花热，家家户户及办公大厦都以摆上几盆塑料制作的花、水果、草木为时髦。李嘉诚当机立断，丢下其他生意，全力以赴投资生产塑料花。他建立的"长江塑料厂"成为世界上最大的塑料花工厂，他也被誉为"塑料花大王"。

　　20 世纪 60 年代初期，塑料花生产仍然被看好，但他预感到塑料花市场将由盛转衰，于是立即退出塑料花业，重操玩具等行业，使他避过了一场危机。

　　20 世纪 60 年代后期，香港经济起飞，地价开始跃升，他迅速投资购买大量土地。最值得一提的是 1977 年 5 月，香港政府为兴建中区的地铁中环和金钟站地面建筑举行了公开招标。各大财团为争夺这块黄金地段的兴建权展开了激烈的竞争。李嘉诚的主要竞争对手是英资怡和财团控制下的置地公司，因为它背靠香港政府，又有强大的财力做后盾，素有"地产皇帝"之称。激烈竞争的结果，李嘉诚的"长江实业"战胜实力雄厚的"置地公司"，开了华资吞并英资的先河，被人们称之为"小蛇吞大象"。

　　20 世纪 70 年代后期，香港股市热得烫手，他迅速投资入市。他首先瞄准的是英资怡和集团的"九龙仓"，悄悄买入，果断抛出，净赚 5900 万港元。1978 年，他又把目光对准了另一家老牌英资公司"青州英妮"，很快收购了"青州英妮"25％的股票，并出任该公司的董事。紧接着集中火力，对英资和记黄埔穷追不舍，在股市上大量吸纳和记黄埔的股票。1980 年 11 月，通过整整一年的努力，成功地拥有超过40％的和记黄埔股权。1981年1月1日,他正式出任老牌英资洋行和记黄埔董事局主席。就这样,李嘉诚的资产像吹气泡一样膨胀起来,成为香港首富。

一个人如果总优柔寡断,在两种观点中游移不定,就不能很好地把握自己的命,只是一颗围着别人转的小卫星。果断的人绝不会坐等好的条件,他们会最大限度地利用已有的条件,迅速采取正确的行动。历史上有影响的人物都是能果断做出重大决策的人。

毕业于西点军校的巴顿将军就是一个刚毅果断的人,他的这种性格,使他赢得了现代战争史上杰出的战术家的美名。

1944年6月,西方盟国与法西斯德国之间的最后大决战以诺曼底登陆为先导打响了。在随之而来的一系列重大战役中,巴顿充分发挥了装甲部队快速、机动和火力强大等特长,采取长途奔袭和快速运动战术,以超常规的速度在欧洲平原上大踏步前进,穷追猛打,长驱直入,穿越法国和德国,最后到达捷克斯洛伐克。在近乎疯狂的推进中,巴顿果断抓住一切战机,迅速围歼敌军。在281天的战斗中,巴顿部队保持了100多公里宽的作战正面,向前推进了1000多公里,解放了130座城镇和村落,歼敌140余万,为解放法国、捷克斯洛伐克等国家和最终击败纳粹德国立下了汗马功劳。

巴顿在战斗中的一句口头禅是:"要迅速地、无情地、勇猛地、无休止地进攻!"有时,他下令:"我们要进攻、进攻,直到精疲力竭,然后我们还要进攻。"有时,他对部下说:"一直打到坦克开不动,然后再爬出来步行……"正是这种一往无前的精神,使巴顿部队在战场上所向无敌,无往不胜。巴顿的勇猛果断,使他赢得了"血胆将军"的称号,并因在第二次世界大战中取得了赫赫战功而被授予四星上将。

成千上万的人在竞争中溃败而归,仅仅因为延误。而数不胜数的成功者因为在关键时刻敢冒着巨大风险,迅速行动,创造了财富。

作为二十几岁的年轻人,要养成做事麻利的习惯,培养果断决策的能力。在人生和事业中如此,在日常生活中更是如此。面对纷繁的世界,不要抱怨,紧紧抓住机会,用果敢积极的行动诠释人生的真正价值。

11.培养自己的合作能力

很久以前,有两个饥饿的人得到了一位长者的恩赐:一根鱼竿和一篓鲜活硕大的鱼。其中,一个人要了一篓鱼,另一个人要了一根鱼竿,于是他们分道扬镳了。得到鱼的人原地就用干柴搭起篝火煮了鱼,他狼吞虎咽,还没有品出鲜鱼的肉香,就连鱼带汤吃了个精光。不久,他便饿死在空空的鱼篓旁。另一个人提着鱼竿继续忍饥挨饿,一步步艰难地向海边走去,可当他已经看到不远处那片蔚蓝色的海洋时,他的最后一点力气也使完了,只能眼巴巴地带着无尽的遗憾撒手人寰。

还有另外两个饥饿的人,他们同样得到了长者恩赐的一根鱼竿和一篓鱼。只是他们并没有各奔东西,而是共同去找寻大海,他俩每次只煮一条鱼,经过遥远的跋涉,来到了海边。从此,两人开始了捕鱼为生的日子。几年后,他们盖起了房子,有了各自的家庭、子女,有了自己建造的渔船,过上了幸福安康的生活。

同样是两个饥饿的人,同样得到了长者的鱼竿和一篓鱼,但结果却完全不一样。究其原因是做法不同,实则是两类人的思想不同。后两个人之所以成功,是源于他们有合作的意识。

正所谓"一个篱笆三个桩,一个好汉三个帮",单个人的力量总归是有限的,只有与人合作,取人之长,补己之短,才能互惠互利。当今社会是一个竞争的社会,各个方面都充满了竞争,人才竞争、物力竞争、资本竞争、信息竞争，等等。一个人只有学会与人合作的能力，才能在竞争中脱颖而出，成就一番事业。

王先生是某电子公司高薪聘用的信息管理员，一年过去了，王先生工作表现突出，技术能力得到了大家的认可，每次均能够按计划、保证质量地完成项目。别人解决不了的问题，对他来说是小菜一碟。公司对王先生的专业能力非常赞赏，有意提升他为项目主管。然而，在考察中公司发现，王先生除了完成自己的项目外，从不关心其他事情，而且对自己的技术保密，很少为别人答疑，对分配的任务有时也挑三拣四，若临时额外追加工作，便表露出非常不乐意的态度。另外，他从来都是以各种借口拒不参加公司举办的各种集体活动。如此不懂得合作的员工，显然不适宜当主管。于是，王先生失去了一次升迁的机会。

像王先生这样"两耳不闻窗外事"的员工，说得好听一点是独立有个性，说得不好听一点就是过于自我，太自私。这样的员工是不受现代企业欢迎的。现代企业最大的目标是利用有限的资源创造最大的价值，如果一个员工在为企业创造价值的时候还留有余地，老板会喜欢他吗？

在工作中，有许多才华出众的年轻人，像王先生一样不懂得合作的重要，他们不明白如果他们在一个组织或集体中同其他人合作不仅能解决所有的困难，而且还会制造出个人无法创造的奇迹。

古希腊时期的塞浦路斯，在一座城堡里关着一群小矮人。传说他们是受到了可怕咒语的诅咒，而被关在这个与世隔绝的地方。他们找不到任何人可以求助，没有粮食，没有水，七个小矮人越来越绝望。但小矮人们没有想到，这只是神灵对他们的考验。

小矮人中，阿基米德是第一个收到守护神雅典娜托梦的。雅典娜告诉他，在这个城堡里，除了他们待的那间阴湿的储藏室以外，其他25个房间里，有1个房间里有一些蜂蜜和水，够他们维持一段时间；而在另外的24个房间里有石头，其中有240块玫瑰红的灵石，收集到这 240 块灵石，并把它们排成一个圆形，可怕的咒语就会解除，他们就能逃离厄运，重归自己的家园。

第二天，阿基米德便迫不及待地把这个梦告诉了六个伙伴，其中有四个人不相信，只有爱丽丝和苏格拉底愿意和他一起努力。开始的几天，爱丽丝想先去找些木柴生火，这样既能取暖又能让房间里有些光亮；苏格拉底想先找那个有食物的房间；而阿基米德想快点把 240 块灵石找齐，好快点解除咒语。三个人无法统一意见，于是决定各找各的，但几天下来，三个人都没有成果，倒是耗得筋疲力尽了，让其他的四个人取笑不已。

但三个人没有放弃，失败让他们意识到应该团结起来合作。他们决定，先找火种，再找吃的，最后大家一起找灵石。这样三个人很快在左边第二个房间里找到了大量的蜂蜜和水。他们狼吞虎咽了一番，然后带了许多食物分给特洛伊、安吉拉、亚里士多德和梅丽沙。温饱的希望改变了其他四个人的想法，他们后悔自己开始时的愚蠢，要求和阿基米德他们一同寻找灵石，解除那可恨的咒语。

小矮人们从这件事中，发现了一个让它们终生受益的道理：知识不过是一种工具，只有通过人与人沟通、互补、合作，才能发挥它的全部能量。

为了提高效率，阿基米德决定把七个人兵分两路：原来三个人继续从左边找，而特洛伊等四人则从右边找。

在 7 个人的通力合作下，他们终于找齐了所有的 240 块灵石，在神灵的眷顾下，最终小矮人们胜利了。

每个人的能力构成都是不同的，彼此具有互补性的。没有人是十全十美的，懂得与他人合作，发挥各自的长处，不仅能解决问题，更能提高效率。

一撇一捺写个人。人与人的联系是紧密的，可以说很少有人能够离开别人而独自取得成功。合理地、有效地借助他人的力量完全是必要的，是智慧的体现。作为二十几岁的年轻人，当遇到问题不容易解决的时候,千万不要固执和自傲,必须审视自己是否将视线局限在了自己的能力范围之内。因为很多情况下,过分关注问题和自身的能力,或是不愿意被他人掩盖自身的光华,而忽视了别人可以帮助自己,不懂得合作。

二十几岁的年轻人,每天都要面对许多的事,但是一个人的能力是有限的,这就需要寻求帮助,提高工作效率,达到事半功倍的效果。俗话说得好,不合作不成功,小合作小成功,大合作大成功。所以合作是成功的捷径,只有懂得合作的人,才是真正成功的人。

12.培养自己的应变能力

一只蝙蝠正在树上休息,可能是一个好梦惊心,不小心从树上掉下来。这并没有什么,可怕的是,在树下有一个黄鼠狼的巢穴。

正在家门口悠闲散步的黄鼠狼猛然看到一只鸟掉下来,高兴极了,一把抓住了蝙蝠嚷道:"哈哈,还有送上门的美味,今天,我就要尝尝你这只小鸟的味道。哎,你这只小鸟怎么长得像一只老鼠,我可不愿意吃肮脏的老鼠。"

蝙蝠急忙申辩道:"请等一下,黄鼠狼先生,我不是小鸟。你看这对翅膀,连一根羽毛都没有长,鸟能没有羽毛么?我是一只真正的老鼠啊!"

"是吗?让我看看。"他仔细端详了一番,发现这蝙蝠的确像一只老鼠,便叹了一口气说:"咳,我还以为可以美餐一顿了呢,好吧,你滚吧,讨厌的老鼠。"

于是,蝙蝠死里逃生了。然而这个大意而自负的家伙,第二天休息时又在同一个枝头掉了下来。

刚巧，黄鼠狼先生出去觅食了，只有黄鼠狼太太在门口晒太阳。

黄鼠狼太太看到蝙蝠后喜不自禁："真是太好了，我昨天就听丈夫说有一只老鼠掉在这里，今天又让我遇到了，真是天意！对我来说，老鼠可是最美的佳肴啊！"

蝙蝠急忙叫道："黄鼠狼太太，我不是老鼠，我是蝙蝠啊！"黄鼠狼太太从没有听说过蝙蝠的名字，她疑惑地说："哦，你这只老鼠的名字可真与众不同，没关系，我这就来尝尝味道。"蝙蝠惊慌失措，张大翅膀说："黄鼠狼太太，蝙蝠是属于鸟类，我是地地道道的小鸟啊！不信，请看这对翅膀，老鼠有翅膀吗？"听他这么说，黄鼠狼太太感觉他的样子和老鼠真的有点不同，怪可怕的。而黄鼠狼太太又是最讨厌吃小鸟的，因为小鸟会倒她的胃口，所以，她很生气地把蝙蝠赶走了。

故事中的蝙蝠无疑是很聪明的，它机智的应变能力竟然把两只黄鼠狼给蒙骗了。人也要懂得面对不同形势而采取不同的措施，培养自己的应变能力。作为二十几岁的年轻人，应变能力的培养更重要。现代社会的变化速度，是历史上任何时代都无法比拟的。生活在这样的社会，迫切需要我们具有最灵活、最敏捷的应变能力。要培养应变力，必须从平时的自我培养与自我积累做起。具体做法如下。

(1)平时多思多想，做好应急准备

鲁迅对那些在紧急情况下说不出话或者说错话与做错事的人说过："不是临事时没有时间思考，而是有时间的时候没有思考。"真是一针见血地指出了问题的关键。一个人要能在紧急事态发生时应付自如，就必须在平时多思多虑，即善于设想问题、提出应付对策，以做好应急准备。把问题想得愈难愈奇，应急能力愈能受到锻炼。

(2)学会调控自己的心态

不少年轻人遇到难题、遇到紧急情况，情绪容易激动、毛躁，使本来能处理的问题，也因惊慌失措无法处理。如果能及时冷静下来，充分发挥自己的思维力，许多问题是可以解决的。调控自己的心态，关键是要学会调控自己的情绪,让自己保持临危不惊的状态。调控情绪可运用"语言暗示法",比如,身处逆境时,默念"我一定能想出办法""镇静,再镇静些""过一会儿我就是胜利者"等,以降低情绪激动的程度;也可用"转移话题调控",如果有人提出了一个很难回答的问题而使你语塞时,倘若你能机智地转移一下话题,既可使自己摆脱尴尬,防止产生紧张情绪,也可使自己的思考多一点时间;还可用"动作转移法"调控,比如在笔记本上随便写字、画符号、抽根烟、倒杯水等,都可以对自己的情绪起调控作用。

(3)冷静思考,突破思维

清朝末年,有一位和尚画家云游到北京,被招进宫里作画。一天,慈禧让太监给他一张五尺长的宣纸,要他画身高九尺的观音菩萨像。

这简直是为难人。臣子们心里紧张极了,谁都认为这是根本办不到的事。和尚并不着急,他借研墨工夫,冷静思考,很快就有了主意。只见他挥毫泼墨,一挥而就。原来,他笔下的观音菩萨是弯腰在拾地上的柳枝。弯着腰五尺的人,站立起来应该就有九尺。慈禧看罢,点头称是。众大臣也松了一口气。和尚画家机智的应变能力,让看似不可能的事情出现了转机。

一般人很难在毫无准备的情况下,对意想不到、突如其来的问题做出适当的反应。成功者的应变能力使他们先人一步,占尽成功先机。

作为二十几岁的年轻人,一定要掌握应变能力,应对随时可能出现的机遇和困难。

不可忽视的人脉关系

第六章

20 岁建立人脉，30 岁才能左右逢源

　　我们生活在一个崇拜成功、需要成功的年代，成功靠的是自己，自己靠什么？知识、金钱、背景……也许这一切你都没有，但是，你可以打造一把叩开财富大门的金钥匙——人脉。人脉是一种无形资产，是潜在的财富，20 岁的时候能广泛地建立好人脉，才会让我们的事业在以后左右逢源。

1.不可忽视的人际关系

周先生毕业于名牌大学,有些孤傲,与同事沟通甚少。吴先生出身一般本科,做人也没什么架子,平时与同事一团和气。最近公司有一个晋升机会,周先生信心十足地认为非自己莫属,但没想到最后领导却决定让吴先生晋升。周先生很不理解,难道自己的学识不如吴先生吗?

非也,非也!

企业就是一个小社会,"独行侠"无论自身能力多强,如果没有办法和同事和睦相处,也会成为拖公司后腿的"鸡肋"。领导在考评员工工作能力的时候,自然会将是否符合企业精神、能否与同事和睦相处考虑在内,而疏忽了这一点,不注意人际关系的建立和维护员工,最后难免落得与晋升、加薪无缘。这正是周先生不如吴先生的地方,周先生没有意识到人际关系对自己发展的重要。

良好的人际关系是成功不可或缺的条件,倘若今天你得罪了一个人,你就可能给自己的成功制造了一个障碍。但有些人即使因为自己的处理不当造成别人的困扰,也会满不在乎。他们的想法是,反正和这位得罪的对象今后不再有共事机会,不道歉也没事。

然而,因为这一件事而失去的并非只是你所得罪的对象一人而已。由于无论任何性质的公司都是隶属某一业界的,因此你必须考虑你得罪的对象有可能在业界内大肆渲染,如此一来,你有可能失去一百人的信赖。所以还是不要轻易得罪人,因为社会是由人组成的,人活在世上,每天都和人打交道,不论是在生活上还是在事业上,都和别人有互动的关系。人要靠彼此互助才能生存,如果你离开了人际关系，不要说这个激烈竞争的社会了，就是在古代，你也会寸步难行。所以，得罪人是一种剥夺自己发展空间的行为。得罪一个同行，就为自己堵住了一条路。或许你认为，世界之大，得罪一个同行又何妨，不至于堵住自己吧！其实错了，同行有同行的圈子，有同行的朋友，如果你处理不好，就会在行业内失去信誉，失去帮助。

假如你向人委托某工作后，因为安排失误，在最后关头决定停止那项工作，并以一张传真告知对方。由于对方为那项工作大费心思，调整自己的计划以全力配合，接获通知自然感到不悦。对方肯定心想：下回绝不再与你合作。这不是纯粹因为生气，而是担心这种情形再度出现，给他自己造成损失。如果被得罪的人只是不想和你再度合作，对你还构成不了重大损失。然而，如果此人在业界内传开此话时，结果又将如何呢？在时时意识到人际关系作用的人们看来，"本次的结果令人遗憾"，想以一张传真草率收场的做法，简直令人难以置信。

如果考虑转行，不打算永远呆在本行的人或许情有可原。如果打算在眼前所在的行业里大展宏图，一个失误即可能扼杀你在那个业界的生机，而且就算你正在考虑进军别的行业，习惯做错事不道歉草率收拾残局，在哪个行业都无法久待。

重要的是在失误后的照应方式，在行业内流动的并不是只有负面评语，良好的评语也同样会口口相传地流散出去。只要切实做好失误的照应，你认真处理善后的好评也会传播出去。

人际关系高手，不仅能够识人、认人、通晓人际关系理论，而且还能活用这些知识，日常与人和睦相处，不会得罪别人。怎样才能不得罪人呢？

邻居间"低头不见抬头见"，因为住得近，处在同样的生活环境中，难免有联系，你对我好，我自然也对你好。中国人讲求礼尚往来，一来二去熟了，也就成了朋友。这种关系更容易取得信任，相处时，不仅可以分享邻居的亲属关系资源，也可以分享邻居的朋友资源。

　　工作中,如果能与同事处理好关系也是人际关系中的一大优势。无论你跟谁搭档,要想业绩好,首要条件是双方的合作和努力。很多人都觉得同事间有利益冲突,要达到真正的和谐是不可能的。但在无利益冲突的时候,你可以和他们保持良好的关系,有利益冲突时,大家会公平竞争,无论谁成谁败,都不要抱怨。如果在公司中能与同事建立良好的关系,那么你的信息来源就会多,更容易掌握公司发展的趋势、公司的现状、各种力量的对比等,这也可以提升你的人气,以后有升职的机会时,你就很占优势,你在公司的地位也就越来越稳固。

　　通过业务关系成为朋友是很常见的事情,生产商和原料供应商、生产商和销售商、客户和银行、病人和医生等,都属于业务关系方面的朋友。业务关系好了也能增强你在公司中的地位。例如,你与公司的一个大客户关系很好,那么在与这个客户发生业务关系时,公司可能就会把你派上去,这种关系上的朋友,往往是你帮我,我帮你,双方在各自业务领域中都得到发展与成长。

　　无论你在哪个公司工作,都有顶头上司(当然你自己是老板除外),你的大部分工作都是和上司共事,你和上司的关系愈好,你的机会就越多,出人头地也就越容易。因此,在工作方面,一定要与上司好好地交流、磋商,并尽量和他建立私人的友好关系。工作之余,多向他说一些自己的看法,工作以外的生活等,让上司更了解你。还要积极参加公司举办的各种活动,如旅游、宴会等,在这样的场合,你会发现平时威严的上司现在变得易于接近多了,这时交流比较容易,有利于和上司建立良好的关系。

　　建立关系,培养关系,是迈向成功人生的关键。重要的是,你的这份心思要用对人,也就是找到能给你支持和鼓励的好伙伴。

　　你为了维护自己的利益而受不到他人的尊重时,请仔细想想,值得轻易动气吗?值得去大动干戈吗?如果为了一点利益而伤了和气,得罪了人,值得吗?贪图一时痛快而得罪一个人,你失去的会是更多。俗话说：多一个朋友多一条路。那么，你得罪一个人少了多少条路呢？相信所有人都会计算，与别人搞好关系才是长久的发展之计。

2.人脉在个人发展中的作用

一个风雨交加的夜晚，一对老夫妇走进一间旅馆的大厅，想要住宿一晚。饭店的夜班服务生无奈地说："十分抱歉，今天的房间已经被早上来开会的团体订完了。若在平常，我会送二位出门，可是我无法想象你们要再一次置身风雨中，你们何不待在我的房间呢？它虽然不是豪华的套房，但是还是蛮干净的，因为我值班，我待在办公室休息。"这位年轻人很诚恳地提出这个建议。

老夫妇接受了他的建议，并对造成服务生的不便致歉。

第二天，雨过天晴。老先生前去结账，柜台仍是昨晚的那位服务生，他依然亲切地表示："昨天您住的房间不是饭店的客房，所以我不会收您的钱，也希望您与夫人昨晚睡得安稳！"

老先生点头称赞："你是每个旅馆老板梦寐以求的员工，或许改天我可以帮你盖栋旅馆。"服务生以为是老先生随口说说，并没有在意。

几年后，他收到一位先生寄来的挂号信，信中说了那个风雨夜晚所发生的事，另外还附一张邀请函和一张到纽约的来回机票，邀请他到纽约一游。

在抵达纽约几天后，服务生在第 5 街和 34 街的路口遇到了这位当年的旅客，这个路口矗立着一栋华丽的新大楼，老先生说："这是我为你盖的旅馆，希望你来为我经营，还记得我说过的话吗？"

服务生惊奇得说话也结结巴巴："你是不是有什么条件？你为什

么选择我呢？你到底是谁？"

"我叫威廉·阿斯特，我没有任何条件。我说过，你正是我梦寐以求的员工。"

这旅馆就是纽约最知名的华尔道夫饭店，这家饭店在1931年启用，是纽约尊荣极致的地位象征，也是各国高层政要造访纽约下榻的首选。

当时接下这份工作的服务生就是乔治·波特，一位奠定华尔道夫世纪地位的推手。

是什么让这位服务生改变了他的命运？毋庸置疑，是他遇到了他生命中的贵人，并且很好地把握了他。由此可以看出，人脉资源对一个人是多么重要。

人脉如同树脉，一棵小树苗要想长成参天大树，成为栋梁之才，必须要有粗壮厚实的根脉汲取大地的营养，必须要有丰富的枝脉和纤细纵横的叶脉吸收空气、阳光。

在一个人走向成功的路途中，会有很多因素影响行程，人际关系无疑是很重要的。

很多成功的商界人士都意识到了人脉资源对自己事业成功的重要性。曾任美国某大铁路公司总裁的A.H.史密斯说："铁路的95%是人，5%是铁。"美国钢铁大王及成功学大师卡耐基经过长期研究得出结论说："专业知识在一个人成功中的作用只占15%，而其余的85%则取决于人际关系。"所以说，无论你从事什么职业，只要你能处理好人际关系，拥有丰厚的人脉资源，那么你的成功之路就已经走了一半了。无怪乎美国石油大王约翰·D.洛克菲勒说："我愿意付出比天底下得到其他本领更大的代价来获取与人相处的本领。"

再来看一个故事。

埃得沃·波克是美国杂志界的奇才。但是，最初他和家人是穷得差点要饿死的波兰难民，他是在美国的贫民窟中长大的，一生仅上过6年学。

6 岁时，波克随家人移民至美国，在上学期间仍然要每天工作赚钱，打扫面包店的橱窗，送星期六早上的报纸，周末下午到车站卖冰水……他自幼就是一个"工作狂"，什么样的脏活、累活都干过。

13 岁时，波克辍学到一家电信公司工作。虽然正式工作了，但他没有忘记学习，仍然不断地自修。他省下了车钱、午餐钱，买了一套《全美名人传记大成》。接着，波克做了一件史无前例的壮举：他直接写信给书中的人物，询问书中没有记载的这些人的童年往事。例如，他写信问当时的总统候选人哥菲德将军，是否真的在拖船上工作过？他又写信给格兰特将军，问他有关南北战争的事。年仅 14 岁、周薪只有 6 美元 25 美分的小波克，就是用这种方法结识了当时美国有名望的大人物：哲学家、诗人、名作家、军政要员、大商贾、大富户。当时的那些名人，也都乐意接见这位充满好奇心、可爱的波兰小难民。

获得名人们接见的波克，已经立下宏图壮志，要干一番事业。为此，他努力学习写作，然后向名人毛遂自荐，替他们写传记。

一时间，订单如雪片般飞来，波克雇用 6 名助手帮他写简历。当时，波克还未满 20 岁。

不久，这个传奇性的年轻人被《家庭妇女》杂志邀为编辑。波克答应了，并且一做就是 30 年，将这份杂志变成了全美最高销量的著名妇女刊物。

波克是第一个创立"妇女信箱"的人。通过信箱，他替妇女争取权益、提倡保护野生动物、保护环境、清洁城市、反对大机构损毁市容等。他的杂志每年收到读者来信达 100 万封以上，每年广告收益有数千万美元。

如果你是一个穷得连吃饭都成问题，但却充满创业热忱的年轻人，那就应该从波克的成功中受到启发和教益，迅速积累自己的人脉，通过人脉资源创造成功的机会。

现代社会的日益发展已经越来越显示出人脉的重要性，作为二十几岁的年轻人,更应该明白,人脉对成功是何等重要。无论干哪一行,从事何种职业,良好的人脉关系都是成功不可缺的。

3.20岁,要为30岁积累人脉

这是一个人脉决定输赢的年代。二十几岁是积累人脉的最佳时期,这个年龄段的人一般不太计较名利和得失,这时形成的人际关系会很牢靠,在人生路上会更能显示其价值。

因此,20岁要为30岁多积累人脉,这个时期建立起来的人脉网最具竞争力。为什么这么说呢?笔者认为有如下两点理由。

第一,不瞻前顾后,是以纯洁的心结交朋友。在人际交往中,真诚是十分重要的。20岁的年轻人刚刚从校园走向社会,是单纯地凭互相信赖友好的心去与对方交往,不计较对方所处环境和身份条件等。在这种条件下建立起来的人际关系真诚可信,会持续很长时间。

第二,越年轻机会越多。年轻时广结朋友,扩大人际关系网,在需要帮助时就会得到更多的指导。遇到了棘手的问题,周围有100个朋友就比有10个朋友更有信心,得到各种各样信息的机会也多,如此成功概率也相应提高。与优秀的人们多交流,可以深受激励并快速成长。

那么,作为二十几岁的年轻人,该如何为自己积累人脉资本呢?

(1)学会尊重他人

可能很多人会不解,积累人脉,和尊重他人怎么会扯上联系呢?其实这两者关系非常密切。可以说,自私自利、不懂得尊重他人的人很少会有成功的机会,即便侥幸获得也无法持久。而能够让你拥有对别人产生有效影响的力量的、最有把握的一个方法,就是设法让别人明白，你从心底里敬重他们。

有一位公司老总，当别人向他请教怎样积累更好的人际关系时，他回答说：无论怎样的情况，即使是他现在的地位比你低，也要让对方感到被尊重。不要因为你心情不好，或者对方损害了你的眼前利益，你就不尊重他。待人接物要有基本的原则，无论对方地位高低、才智优劣，都不要改变你尊重的态度。

能尊重别人，就能博得对方的好感，累积自己的人脉。不要只顾自己，要多替对方着想，一旦你需要就会得到大家的帮助，你就能加速通往成功的脚步。

一天清晨，一位40多岁的中年女人领着一个小男孩走进美国著名企业"巨象集团"总部大厦楼下的花园，在一张长椅上坐下，她生气地跟男孩说着话。不远处有一位头发花白的老人正在修剪灌木。

忽然，中年女人从随身提包里拉出一团白花花的卫生纸，一甩手抛到老人刚修剪过的灌木上面。老人诧异地转过头朝中年女人看了一眼，中年女人满不在乎地看着他。老人什么话也没有说，走过去拿起那团卫生纸，把它扔进了一旁装垃圾的筐里。过了一会儿，中年女人又拉出一团卫生纸扔了过去。老人再次走过去把那团卫生纸拾起来扔到筐里，然后回到原处继续工作。可是，老人刚拿起剪刀，第三团卫生纸又落在了他眼前的灌木上……就这样，老人一连捡了那中年女人扔过来的六七团纸，但他始终没有露出不满和厌恶的神色。

"你看见了吧，"中年女人指了指修剪灌木的老人对男孩大声说，"我希望你明白，你如果现在不好好上学，将来就跟他一样没出息，只能做这些卑微低贱的工作！"

老人听见后放下剪刀走过来，和颜悦色地对中年女人说："夫人，这里是集团的私家花园，按规定只有集团员工才能进来。"

"那当然，我是'巨象集团'所属公司的部门经理，就在这座大厦里工作。"中年女人高傲地说,同时掏出一张证件朝老人晃了晃。

"我能借你的手机用一下吗?"老人沉默了一会儿说。

中年女人极不情愿地把手机递给老人,同时又不失时机地开导儿子:"你看这些穷人,这么大年纪了连手机也买不起。你今后一定要努力啊!"

老人打完电话后把手机还给了妇人。过了一会,一名男子匆匆走过来,恭恭敬敬地站在老人面前。老人对来人说:"我现在提议免去这位女士在'巨象集团'的职务!""是,我立刻按您的指示办!"那人连声应道。

老人吩咐完后径直朝小男孩走去,他伸手抚摸了一下男孩的头,意味深长地说:"孩子,我希望你明白,在这世界上最重要的是要学会尊重每一个人……"说完,老人撇下三人缓缓而去。中年女人被骤然发生的事情惊呆了。她认识那个男子,他是"巨象集团"主管任免各级员工的一个高级职员。"你……你怎么会对这个老园工那么尊敬呢?"她大惑不解地问。

"你说什么?老园工?他是集团总裁詹姆斯先生!"中年女人一下子瘫坐在长椅上。

这就是不尊重别人的下场。也印证了一句名言:"你想人家怎样待你,你也要怎样待人。"尊重人是做人的原则,在社交中和处理人际关系时,只有尊重人,待人真诚,才能积累自己的人脉。

作为二十几岁的年轻人,一定要学会尊重他人。也许你觉得你身边的人在水平、人品各个方面都和你不相上下,甚至还有些地方不如你,但是你也一定要尊重他,因为或许他是你人际关系中从没有见过面的"贵人",不要像"巨象集团"那位妇人,自毁前程。

(2)要坚守诚信

前面讲过诚信这个话题,诚信乃为人之本,是人一生中最重要的资本。自然,人脉的搭建也少不了诚信。一个人糟蹋自己的信用,无异于在拿自己的人格做买卖,卖得越多,留下的就越少。只有事事以

"信"为重，才会有"信"满天下的那一天，到时，人脉也会遍布天下。

如果你能够凭着诚信让别人承认你、信任你，那么你就有了交天下友的巨大资本。

赢得高朋满座，首先要讲诚信，获得人家对你的信任，才能结为朋友。有的人就因不守诚信而使一些有意和他深交的人感到失望。

孔子讲"民无信不立"。孟子说"言而有信，人无信而不交"。墨子云："言不信者，行不果。"所有这些无不强调诚信的重要性，讲诚信就是一诺千金。

英国餐饮业有一个不成文的规矩，用过的盘子一定要刷七次。有一次一个在校学生在酒店做临时雇员，开始很认真，每个盘子都刷七次，后来他感到厌烦，开始刷五次，又改为刷三次，始终没有人发现他的偷懒行为。终于有一天老板在检查工作时，发现了他的这种不讲诚信、不按规矩做事的行为，便将其解雇了。这个雇员想去其他地方洗盘子，可是他不讲诚信的事传得到处皆知，以至其他酒店不再聘用他！一个人不讲诚信，失去的不仅仅是朋友，还有事业。

无怪乎李嘉诚会这样总结自己的成功经验："人的一生最重要的是守信，我现在就算有多十倍的资金，也不足以应付那么多的生意，而且很多是别人找我的，这些都是为人守信的结果。"一个诚信的人，会有很多人脉，更多成功的机会，从而受益无穷。

（3）要有感激的心

生活中，人与人的关系最微妙不过，对别人的好意或帮助，如果你感受不到或者冷漠处之，就很有可能生出种种怨恨来。想一想吧：你在工作时觉得轻松了，说不定有人在为你负重；你在享受生活的甜蜜时，说不定有人在为你付出辛劳……生活在社会大群体中，总会有人为你担心，替你着想。

享受感情雨露的人不要做"马大哈"，长存一份感激之心，会使人际关系更加和谐。情感因为有了感激，才会更牢固；友谊之树必须靠感激来滋养,才会枝繁叶茂。古人说:"滴水之恩当涌泉相报。"要时时处处想着别人,感激别人。因为有了感激,你才会拥有好的人脉。

(4)真诚赞美别人

美国"钢铁大王"卡耐基,在1921年用一百万美元的超高年薪聘请一位执行长夏布。许多记者访问卡耐基时问:"为什么是他?"卡耐基说:"因为他最会赞美别人,这是他最值钱的本事。"

赞美具有一种不可思议的力量,对他人真诚的赞美,正如沙漠中的甘泉一样让人的心灵受到滋润。而当你赞美他人的时候,别人也就会在乎你的价值,让你获得不容易获得的成就感。在由衷的赞美给对方带来愉快以及被肯定的满足的时候,你也十分难得地分享了一份喜悦和生活的乐趣。

在历史上,戴维和法拉第的合作是一个典范。虽然有一段时间,法拉第的突出成就引起戴维的忌妒,但两人的友谊仍被世人称道。这份情缘少不了法拉第对戴维的真诚赞美这个原因。法拉第未和戴维相识前就给戴维写信:"戴维先生,您的讲演真好,我简直听得入迷了,我热爱化学,我想拜您为师……"收到信后,戴维便约见了法拉第。后来,法拉第成了近代电磁学的奠基人,誉满欧洲,但他还是忘不了对戴维的赞美:"是他把我领进科学殿堂大门的!"

可以说,赞美有着强烈的亲和力,让对方感到你对他的关心和尊敬。赞美,是理想的黏合剂,它不但会把老相识、老朋友团结得紧密,而且可以把互不相识的人连在一起。

总之,如果你想早日成功,那么就从二十几岁开始,充满热情地积累人脉吧!人脉越宽,路子越宽,事情就越好办。几千年来,这已经被无数的经验和教训验证。一个优秀的人,能影响他身边的人,能接受他们,使自己与他们的关系更好。好人脉是成大事最重要的因素,是必备的条件。

4.朋友多了路好走

维克多从父亲的手中接过了一家食品店，这家老店以前是一家杂货店，小有名气。维克多希望它在自己的手中能够更加壮大。

一天晚上，维克多在店里收拾，准备早早地关上店门，第二天他将和妻子一起去度假，以便做好准备。突然，他看到店门外站着一个年轻人，面黄肌瘦、衣服褴褛、双眼深陷，典型的流浪汉。

维克多是个热心肠的人。他走出去，对那个年轻人说道："小伙子，有什么需要帮忙的吗？"

年轻人略带腼腆地问道："这里是维克多食品店吗？"他说话带着浓重的墨西哥味儿。

"是的。"维克多笑着说。

年轻人更加腼腆了，低着头，小声地说道："我是从墨西哥来找工作的，可是整整两个月了，我仍然没有找到一份合适的工作。我父亲年轻时也来过美国，他告诉我他曾在你的杂货店里买过东西，嗯，就是这顶帽子。"

维克多看见小伙子的头上果然戴着一顶破旧的帽子，那个被污渍弄得模模糊糊的"V"字形符号正是他店的标记。"我现在没有钱回家了，也好久没有吃过一顿饱饭了。我想……"年轻人继续说着。

维克多知道了眼前站着的人是多年前一个顾客的儿子，他觉得应该帮助这个小伙子。于是把小伙子请进店内，好好地让他饱餐了一顿，还给了他一笔路费，让他回国。

不久，维克多便将此事忘了。过了十几年，维克多的食品店越来越兴旺，在美国开了许多家分店，他决定向海外扩展，可是他在海外没有根基,要想从头发展也是很困难的。为此维克多犹豫不决。

正在这时,他收到一封从墨西哥寄来的信,正是多年前他曾经帮过的那个流浪青年寄来的。

此时那个年轻人已经成了墨西哥一家大公司的总经理,他在信中邀请维克多来墨西哥发展,与他共创事业。维克多喜出望外,有了那位年轻人的帮助,维克多很快在墨西哥建立了他的连锁店,而且发展迅速。

我们不能缺少朋友。多结交一个朋友就多一条路。在你最困难的时候,往往是你的朋友帮助了你;离开了朋友,你就会陷入无助之中。有"心眼"的你千万别远离了朋友,要知道朋友是你人生中一笔巨大的财富,是关键时刻拉你一把的靠山。

晓文毕业于一所重点大学,在校期间是优秀的学生干部,结交了许多好朋友。毕业后自己创业开办一家公司,开始红红火火的,赚了一些钱,他就拿自己赚的钱帮助朋友创业。

晓文看准了一个很好的机会,投资一个项目,把公司的资金全部投入进去,可是资金回笼很慢,很快就周转不开了,如果资金跟不上,那么公司就彻底垮了。他的同学和朋友听说了,全部倾囊相助,帮助晓文渡过难关。这个项目让晓文赚得盆满钵溢,不但很快还钱给朋友们,公司的资产也翻了几倍。

所以说,朋友多了好办事,好朋友会在你遇到困难时慷慨解囊,倾力相助。

作为二十几岁的年轻人,我们都有一颗义气的心,"千里难寻是朋友,朋友多了路好走"。友情就像沙漠里的绿洲,要使它不消失,必须时时保持水的滋润。

5.绝不可轻易树敌

1996 年 6 月，在俄罗斯大选中爆出了一个大冷门：列别德单枪匹马竞选总统，获得了 15% 的选票，名列第三。后来，叶利钦为了蝉联总统，将列别德招至麾下，委以安全会议秘书和总统安全助理的重任。这使支持列别德的选民转而支持叶利钦，使叶利钦在第二轮选举中奠定了胜局。于是，列别德名声大振，成了政坛的大红人。连叶利钦都预言：列别德将成为 2000 年的俄罗斯总统。

可是，就是这位政坛红人，在 10 月 17 日，被叶利钦撤销一切职务。仅仅 121 天，这位被称为"明星政治家"的人被撵出了克里姆林宫。列别德那么快就从权力高峰上跌落下来，原因何在呢？

有人说他是祸从口出，也有人说他权力欲太强。两种说法都对，而且是互为表里。表面看是祸从口出，实质上是他野心太大，要让总统、总理下台，搅乱了克里姆林宫的政治平衡。

列别德的下台，主要起因于和 50 岁的内务部长库利科夫的争吵。库利科夫得到叶利钦的支持，又是总理切尔诺梅尔金的盟友，他是克里姆林宫中参与决策车臣战争的"强硬派"。当列别德进入克里姆林宫，把手伸向库利科夫的权力范围时，库利科夫当然就和他发生对抗。列别德雄心勃勃，独自同车臣反政府力量达成了在车臣停火和俄军撤出的《哈萨维尤尔特协议》。这个举动使他获得了一定的声望，但他的独断，引起库利科夫的反感。他坚决反对从车臣撤军，认为这样做将导致车臣战争化，会搞乱俄罗斯南部局势……列别德针锋相对，还把车臣战争责任推给库利科夫，还认为库利科夫判断失误，根本不配当内务部长，并要他辞职。列别德还要叶利钦在他和库利科夫两人之间做出选择："有他无我,有我无他!"一下子便使矛盾激化起来。

列别德"这头鲁莽的公牛",把自己估计得太高了,他真以为在这个世界里,除了他是"救世主"外,别人都是无能之辈。

他抡起拳头把上下左右的同行们"揍"了个够:他攻击切尔诺梅尔金政府的经济政策不维护国家利益,而是有利于某些"势力集团";他指责总统办公厅主任丘拜斯是"挟天子以令诸侯",想充当俄罗斯的"摄政王";他又阻挠叶利钦总统任命前国家安全助理巴图林担任高级军职任免机构的领导人;他一再攻击库利科夫,而且要其"引咎辞职";最后,他又和以前的好友、国防部长罗季奥诺夫吵翻了,他指责罗季奥诺夫对空降部队进行改革是"企图消灭空降部队"。这个目中无人的人在议会、党团到处树敌,谁也看不起,而且野心勃勃。他刚担任安全会议秘书,就要求扩大安全会议的职能,还起草了新章程,以国家安全为由,把自己的手伸进外交、经济等领域。他还不知天高地厚,提出增设副总统的职位,毫不掩饰他要当二号人物的企图。他居然对德国《明镜》周刊记者说,他"不一定要等到2000年才成为叶利钦的接班人"。

后来,叶利钦检查出心脏有病,他竟冒天下之大不韪,要求总统"暂时"下台,表示"总统有病就应交出权力",还准备竞选总统,同科尔扎科夫一起,组建竞选班子……

谁能容忍这样一头"公牛"在克里姆林宫里乱闯胡闹呢?所以库利科夫组织反击是有充分的"群众基础"的。库利科夫空穴来风地说列别德正在组织由5万名军人组成的"俄罗斯军团"的特种部队,是"为悄悄发动政变做准备",虽无确凿证据,但委实道出了列别德的同行们的共同心病。叶利钦在1996年10月初发表电视讲话,指责"有些人"以总统生病为由,谋私利,搞小动作,急于"换总统像"。

这表明,叶利钦已经不能容忍列别德了。果然,在10月17日,叶利钦在电视讲话中撤销了列别德的一切职务,其罪状的第一条就是列别德在未征得总统许可的情况下采取了一些有损国家利益的行动，破坏了领导班子的团结。叶利钦引用了克雷洛夫著名的寓言说：国家的集体领导应该团结一致，拧成一股绳来工作。可现在成为"天鹅、虾和梭鱼"，各行其是。

列别德纵有万般才华，也输定了。

列别德在这 121 天里的种种表现足以说明他从政经验不足，不成熟，出言不逊，树敌太多，不具备政治家应该具备的素质。

在评论这事件时，柯维引用了戴尔·卡耐基的一句名言："在影响一个人成功的诸多因素中，人际关系的重要性要远远超过他的专业知识，而其中尤以轻易树敌为大忌。"

作为二十几岁的年轻人应该明白：当你跟人相处或进行交易的时候，不要只求自己的福利，而应先考虑到别人的福利，否则你将为自己树立很多敌人，制造很多障碍。和你意见相左的人越多，那么你的事业就越难以发展，你的人际交往也就越糟糕。

6.20 岁时，吃点亏也没什么

在一座雄伟的雪山上，住着一只奇怪的鸟，说它奇怪是因为它比其他鸟多了一个头。一个头经常能吃到甜美的果子，另一个头从来就不曾尝过新鲜果子的滋味，而那些烂的、坏的果子是它每天唯一的食物。

一个阳光明媚的午后，这只鸟儿飞出树林去觅食。和以往一样，常吃到新鲜果子的那个头快乐地品尝着新鲜果子，而另一个头又要饱受苦涩的折磨。没有尝过新鲜果子的头，遂生忌妒之心，不停地嘀咕着："太不公平了。为什么每次都让我吃坏果子、烂果子，好吃的东西从来没有我的份儿。既然这样，还不如吃个有毒的果子，让你以后享受不到鲜果的甜美。"

另一个头听了伙伴的唠叨后，安慰道："老弟，何必为此耿耿于怀呢？虽然我吃了好果子，可是那些营养成分最终还是咱们一起吸收啊？"

听完同伴的解释，没有吃过鲜美果子的那个头，更觉得委屈，不但没有放弃吞食毒果的念头，意识反而更加坚定了。结果可想而知，只能一命呜呼了，不要说新鲜果子，就连烂果、坏果都吃不到了。

有人说：现在的人都特聪明，个个都猴精猴精的，哪个还愿意吃亏呢？但人是群居动物，既是群居，就有交往、交流，而只要"交"，就可能有的人"吃亏"，有的人占"便宜"。在两个人以上的交往中要想不吃亏，完全达到"平等"交往是不可能的。社会需要人们交往，在交往中，有的吃亏是自愿的、乐意的，有的吃亏是被迫的、不甘心的……但是毫无疑问，现如今的社会，吃亏早已是一种人脉的积累方式了。

无论你愿意或不愿意，你都必须吃亏。与甲交往你可能吃亏了，但在与乙的交往中，你可能又占了便宜；在这件事情上你占了便宜，在干那件事情时，你可能又吃亏了。有些事情你可能自己认为受益了，其实在众人眼里你是吃亏的；有些事情你可能觉得自己吃亏了，但众人认为你是占了大便宜。所以说，吃亏和占便宜，没有准确的标准去衡量。

人生几十年，谁能说未吃过亏，但谁都不爱吃亏。不过，糊涂学则认为吃亏是福。吃亏怎么会是福呢？深谙此中哲理者，可能为数不多。在人类各种畸形心态中，害怕吃亏之心最为普遍而顽固。但生而为人，不如意事常八九，不可能时时称心，处处如愿，吃亏在所难免。特别是作为二十几岁的年轻人，血气方刚，胸怀壮志，在为梦想努力拼搏的路上，可能要经历很多吃亏的事，这个时候，需要明白吃点亏也没有什么。

世上没有白占的便宜，爱占便宜者迟早要付出代价。有的人跑官要官，见好处就捞，遇便宜就占，即使是蝇头小利，见之亦心跳眼红手痒，一副志在必得的面孔。这种人每占一份便宜，便失一份人格；每捞一份好处，便掉一份尊严。天底下也不会有白吃的亏。从某种意义上说，乐于吃亏是一种境界，是自律和大度，是人格的升华。在物质利益上不是锱铢必较而是宽宏大量，在名誉地位面前不是先声夺人而是先人后己，在人际交往中不是唯我独尊而是尊重他人，抬举他人。如此这般以吃亏为荣为乐，就会赢得人们的尊重和抬举，赢得更有利于自己的人脉圈子。

战国时，梁国与楚国接壤，两国在边境上各设界亭，亭卒们也都在各自的地里种了西瓜。

梁国的亭卒勤劳，锄草浇水，瓜秧长势极好；而楚国的亭卒懒惰，不事瓜事，瓜秧又瘦又弱，与对面西瓜田的长势简直不能相比。楚国的亭卒觉得失面子，一天夜里偷跑过去，把梁国亭卒的瓜秧全给扯断了。梁国的亭卒第二天发现后气愤难平，报告给边县的县令宋就，并说："我们也过去把他们的瓜秧扯断好了！"

宋就说："这样做当然是很卑鄙的，可是，我们明明不愿他们扯断我们的瓜秧，那么我们为什么再反过去扯断人家的瓜秧呢？别人不对，我们再跟着学，那就太狭隘了。你们听我的话，从今天起，每天晚上去给他们的瓜秧浇水，让他们的瓜秧长得好，你们这样做，他们一定可以知道。"

梁国的亭卒觉得宋就的话有道理，就照办了。楚国的亭卒发现自己瓜秧的长势一天好似一天，仔细观察，发现早上地都被人浇过了，而且是梁国的亭卒在黑夜里悄悄为他们浇的。楚国边县县令听到亭卒们的报告，感到十分的惭愧又十分的敬佩，于是把这件事报告了楚王。楚王听说后，也感于梁国人修睦边邻的诚心，特备重礼送梁王，既以示自责，亦以示酬谢，结果这一对敌国成了友好的邻邦。

为别人文过饰非，实在是搞好关系的好机会。当朋友在众人或你面前犯了错,你一定要抱着吃亏的心理,干脆给他个面子,帮他一把,千万别暴而扬之。很多时候,尽管你吃了亏,但朋友会弥补你,报答你。想一想,会吃亏的人怎么会吃亏呢?

吃亏之于人生,犹如磨石之于锋刃。任何有作为的人,都是在不断吃亏中成熟和能干起来,变得更加聪慧和睿智。倘若一旦吃亏便愁肠百结,郁郁寡欢,甚至捶胸顿足,一蹶不振,受伤者只能是自己。这种伤害,服用宫廷秘方都无济于事,诊治的特效药方只有四个字:吃亏是福! 当然,我们所说吃亏是福,只限于正常的社会交际范畴。因此必须注意,这世上也有一些亏是绝对不能吃的,对当今某些不逞之徒的巧取豪夺,对假冒伪劣商品的肆虐横行等,我们可万万不能瞎吃亏,务必奋起维护自己的正当权益。

生活中,懂得吃亏的人才是真正的智者。对于生活中的争端最好是吃点亏,将大事化小,小事化了。每个人都会有不顺心的时候,但你能在这个时候忍让,多考虑对方的感受,多感谢他们平时对自己的帮助和支持,才有助于以后的发展,拓展自己的人际关系。

俗话说"吃亏人常在,财去人安乐",是说能够吃亏、善于吃亏的人平安无事,而且终究不会吃大亏。"善有善报,恶有恶报"已是千古定律了,对于吃亏的人,社会和人总会给予相应或更多的回报。

所以,二十几岁的时候吃点亏又算什么呢? 在社会复杂的交际圈中,年轻人在交际过程中,出现一方得利,一方吃亏的现象再正常不过。有些人吃了点亏,就争吵,直至占了便宜才肯罢休。其实从总体上来说,交际是平衡的,甘心吃亏不仅是交际的要求,也会提高你的交际威望。

7.微笑是最美丽的音符

在瑞士的埃尔德集团门口，有一位 9 岁的小鞋匠。一日，公司总裁查菲尔当着公司所有的业务代表，把小鞋匠叫到跟前，请他擦鞋，并与小鞋匠聊了起来。

"你擦鞋一次赚多少钱？"查菲尔问。"擦一次 5 分钱。"小鞋匠高兴地回答，"但有的时候，我会得到一些小费。""在你来这之前是谁在这里擦鞋？他为什么离开？""是一位叫比尔斯的男孩，他已经 17 岁了。我听说，他觉得擦鞋无法维持生活而离开了。""那你擦鞋一次只赚 5 分钱，有办法维持生活吗？""可以的，先生。我每个星期给妈妈 10 元钱，存 5 元钱到银行，再留下 2 元做零花钱。我想再干一年，就可以用银行里的钱买辆脚踏车了。"小男孩一边卖力地擦着鞋，一边微笑着回答。

小男孩擦完鞋后，查菲尔给了他 5 分钱，紧接着又掏出 1 元小费给他，小男孩面露迷人的微笑，还是那样欢快地说："谢谢你，先生。"

这时，查菲尔转过头来，对公司的业务代表说："一个 17 岁的鞋匠在这里擦鞋无法维持生计，而一个 9 岁的小男孩除维持生计外，还有节余。这是为什么呢？就是因为他们有着两张不同的脸。17 岁的男孩看不到生活的希望，整日哭丧着脸，好像别人欠他的，顾客当然不会给他小费。而这个 9 岁的小男孩，对生活充满了希望和信心，面对顾客总是脸带微笑，谁会忍心不给他回报呢？""查菲尔讲完，公司的推销业务代表有所悟，自己的推销业务不佳，是因为没有把迷人的微笑和乐观的心态写在脸上。

这就是微笑的力量。微笑是一种宽容、一种接纳，它缩短了彼此的距离,使人之间心心相通。喜欢微笑着面对他人的人,更容易走入对方的心里。难怪有人说微笑是成功者的先锋。

有一个人是这样做的。

"我已经结婚十多年了,"他说,"在这段时间里,从我早上起来,到我要上班的时候,我很少对我太太微笑或说上几句话。我是百老汇最闷闷不乐的人。

"既然微笑可以带来很多好处,我就决定试一个星期看看。因此,第二天早上梳头的时候,我看到镜中我的满面愁容,就对自己说:'你今天要把脸上的愁容一扫而光。你要微笑,你现在就开始微笑。'当我坐下吃早餐的时候,我以'早安,亲爱的'跟我太太打招呼,同时对她微笑。

"我以为,她可能大吃一惊,但她的反应是被搞糊涂了,她惊愕不已。我对她说,她从此以后要把我这种态度看成惯常的事情。我每天早晨这样做,已经有两个月了。

"这种做法改变了我的态度,在这两个月中,我们家所得到的幸福比去年一年还多。

"我要去上班的时候,就会对大楼的电梯管理员微笑着说一声'早安';我以微笑跟大楼门口的警卫打招呼;我对地下火车的出纳小姐微笑,当我跟她换零钱的时候;当我站在公司楼下时,我对那些以前从没见过我微笑的人微笑。

"我很快就发现,每个人也对我报以微笑。我以愉悦的态度来对待那些满肚子牢骚的人。我一面听着他们的牢骚,一面微笑着,于是问题就容易解决了。我发现微笑带给我更多的收入,每天都带来更多的钞票。

"我跟另一位经理合用一间办公室。他的职员之一是个很讨人喜欢的年轻人,我告诉他最近我所学到的处事技巧,我很为得到的结果高兴。他接着承认说,当我最初跟他共用办公室的时候,他认为我是个非常郁闷的人。直到最近,他才改变看法。他说当我微笑的时候，我充满慈祥。

"我也改掉批评他人的习惯。我现在只赏识和赞美他人，而不蔑视他人。我已经停止谈论我所要的。我现在试着从别人的观点来看事物，而这真的改变了我的人生。我变成了一个完全不同的人，一个快乐的人，一个更富有的人，在友谊和幸福方面很富有，这些也才是真正重要的事物。"

一个刚刚学会保持微笑的员工说："自从我开始坚持对同事微笑之后，起初大家非常迷惑、惊异，后来就是欣喜、赞许，两个月来，我得到的快乐比过去一年中得到的还要多。现在，我已养成了微笑的习惯，而且我发现人人都对我微笑，过去冷若冰霜的人，现在也热情友好起来。上周单位搞民主评议，我几乎获得了全票，这是我参加工作这么多年来从未有过的大喜事！"

这就是微笑的魅力！微笑是一名员工打开自己人气的钥匙；少了它，纵使你工作上有不俗的表现，也难以打开仕途成功之门。

作为二十几岁的年轻人，要做面带微笑的人。一个人的笑容就是他好意的信使，他的笑容可以照亮所有看到他的人。没有人喜欢帮助那些整天皱着眉头，愁容满面的人，更不会信任他们。面带微笑吧，用真诚的微笑赢得更多朋友的信赖，用真诚的微笑营造自己的成功圈子。

8.打入成功者的圈子

有人说过这样一句话："你要想成为百万富翁，就要试着和千万富翁打交道；你想要成为千万富翁，就要学会和亿万富翁打交道"。这句话太正确了！想有钱，就一定要先和有钱人打交道。这不是势利,而是赚钱的途径。同样,想要成功,就要懂得与成功的人士为伍,加入成功者的圈子。

那么,什么是圈子?所谓圈子,简单说就是具有相同爱好、兴趣或者为了某个特定目的而联系在一起的人群,实际上就是人以群分。比如音乐发烧友可以加入"音乐圈子",数码产品发烧友可以加入"数码圈子"等。其实,圈子大多是人们通过社交形成的。

在时下生活中,以自己为圆心,以不同的纽带为半径,就可以划出不同的圈子:以血缘而定的亲人亲戚圈,以交际而定的朋友圈,一起工作的同事圈,还可以有同学圈、老乡圈、娱乐圈等,举不胜举。这些圈子就像宇宙中的天体运行轨迹,每一圈轨道里都会有许多天体被引力吸引、约束着,在规定的范围里活动。这种约束既是束缚也是动力,让其中的天体不至于被甩出去。

生活就像在钻圈子,从一个圈子里出来,又进入另一个圈子。在如此众多的圈子里,最重要的还是与工作有关的圈子,只有你玩转了这个圈子,才能提升自己的位子。卡耐基说过,人生事业的成功,取决于85%的人际关系和15%的专业技能。每个人都很难独自成功,建立或加入一个良好的圈子,对你的一生有重要的影响。

如果想超越现在的自己,就从现在开始扩大你的圈子,积累你的人脉,扩大你的交际范围。几年后,你会发现,在你身边到处都有可以帮助你的专业人士,一个电话、一个短信,就可以帮助你解决在别人看起来非常棘手的问题。

一位老板说:"中国的城市早晚可能会分穷人区和富人区。以后一说你的家庭住址,别人就会知道你的身份、地位……"这位老板虽然出身农民家庭,但他对于有朝一日跻身富裕阶层充满了向往。相信像他这样有此理想的暴发户在中国数量庞大。

然而,当他憧憬的穷、富分区居住在许多城市渐渐有了雏形时,他却破产了。因为一次投机失败,千万元资产付之东流,沦为了"百万元负翁"。对他的破产,许多员工非常不理解。"有几千万元,就是坐着吃，这辈子都不用愁，何必还要去冒险？"这样的观点在低收入者中颇具典型性。不过一旦说这种话的人有机会成为富人，还是会去冒险而不会选择安稳地吃老本。

为什么会这样呢？一切都是因为"圈子"，各人有各人无形的圈子，每个时代都是如此。就像足球联赛有甲乙丙级之分，在丙级队眼里，甲级下游的队已经很强大了。可是处于甲级下游甚至上游的队并不会高枕无忧，对于被淘汰出甲级的忧虑和在对手中脱颖而出的渴望，让他们永远不会选择安逸。

可以说，圈子中的每一个人，都带着这个圈子的共性。因此，人们常用一个人所处的圈子来判断这个人。

一个小歌手如果与刘德华合过影，他一定会把合影的照片放在显著位置，恰到好处地让别人看见。因为能和名人在一起，自己的形象也大大提升。

媒体上经常有个词，叫"圈内人"，就相当于"自己人"的意思。不是自己人，什么也不好办，打不进圈子，你就是浑身是胆，也只不过算个散兵游勇，很难大红大紫。我们都很熟悉娱乐圈这三个字，这个圈子是个大圈子，在这个大圈子下又有无数个小圈子。为什么有的女演员样子挺清纯，却不惜制造绯闻，要与名导挂上钩？那是因为她想占领制高点，名导是圈子的核心，是圈子中的圈子。而一旦打入了这个圈子，自然会带来好运和前景。

可以说，一个人与圈子核心越近，就越有可能成为核心。和什么人在一起，是非常重要的事情。正应了那句话："你开什么档次的车不要紧，关键看是谁坐在你的车上"。那么，作为二十几岁的年轻人，正是积累人脉的大好时候，试着打入成功者的圈子，你才可能脱颖而出。

9.与小人的相处之道

小人是历史舞台上的一个特殊群体，他们遭人痛恨但又无时不在。他们就像雨后的野草，有着顽强的生命力。小人做人处事不厚道，常以不良手段达成目的。在人际交往中，也难免会与小人打上交道，切记要谨慎。

孔子曰："唯女子与小人难养也，近之则逊，远之则怨。"可见从古至今如何与小人相处是最为头疼的事。小人鼠肚鸡肠，对任何事都斤斤计较，稍有得罪就会记恨在心，并伺机报复。

小人报复，是在你毫无戒备的情况下暗中出手，正所谓"明枪易躲，暗箭难防"，所以得罪了小人，往往就是给自己埋下了定时炸弹。

那么如何与小人相处呢？古人的智慧为我们今天的困扰提供了有益的借鉴。

郭子仪是唐朝中期平定安史之乱的名将，他犹如唐王朝的中流砥柱，以一身而系天下安危二十年，唐朝的中兴完全仰仗他南征北战、东征西讨，可谓是功高盖世。但郭子仪为人并不像一般武夫那样大大咧咧、无所顾忌，他是一位通达世情、居安思危、心细如发的人，这一点在晚年表现得尤为突出。

当郭子仪退休闲居后，唐肃宗特意赏赐给他一座汾阳府。有一天，一位小官卢杞登门拜访。当时郭子仪正和家人一起欣赏歌伎的精彩舞蹈，一听到卢杞来了，他马上命令家里所有的女眷包括歌伎一律退到屏风后面回避，一个也不许露面。

郭子仪单独与卢杞谈了许久，等客人走了，家眷们才陆续出来，她们都忍不住七嘴八舌地问道："老爷您平日接见客人，从来不避讳我们在场，说说笑笑，大家都很高兴。为什么今天接见一个小官，却这般慎重？"

郭子仪解释道："你们有所不知啊，卢杞这个人颇有才干，将来必然是要高升的。但他心地狭窄，睚眦必报。此人长得有些丑怪，半边脸是青的。你们女人最爱笑，平时莫名其妙的也要笑一笑，假如见了卢杞那副尊容，你们只要有谁笑一声，他必定要记恨在心。日后他一旦得志，你们和我的儿孙，恐怕都要遭殃了！"

后来，卢杞果然当上了宰相，"一朝权在手，便把令来行"。凡是过去看不起他、得罪过他或嘲笑过他的人，无一人能够免掉杀身之祸。唯独对郭子仪一家，卢杞都要予以关照和保全，他认为郭子仪器重他，大有知遇感恩之意。

郭子仪可谓是善于处理与"小人"关系的高手。"君子坦荡荡，小人常戚戚"，一般来说，"小人"比"君子"更敏感，因此，不要在言语或行动上刺激他们，郭子仪正是了解小人这层心理，才让家眷们躲了起来，保护了卢杞的脸面，因而免掉了杀身之祸。

仅仅做到不得罪还远远不够。平时在和小人相处要注意谨慎说话。如果你在小人面前批评别人或谈别人隐私，绝对会变成他们兴风作浪的把柄，或作为日后报复你的筹码；如果他们批评别人或谈别人隐私，你听听就罢了，绝不要跟着说，否则他们会嫁祸于你。与他们聊天，说一些天气、时事方面的事情就可以了，不做过深的交谈。

小人之所以常给别人气受，甚至乐此不疲，主要是因为有所图。要么是为了损人利己，争得一些好处；要么纯粹是为了陷害别人，避免别人胜过自己，谋求心理上的平衡。由此可见，小人的行为不是无意的，而是有预谋的。

有些生活在我们身边的鼠辈小人，他们的眼睛牢牢地盯着我们周围所有的大小利益，随时准备多捞一份，为此不惜一切代价，用各种手段来算计别人，令人防不胜防。他们平时或许能潜藏在团体内在背地里做手脚,但猴子的尾巴终究藏不住,终有败露的那一天。小人是琢磨别人的专家,敢于为小恩怨付出代价。

小人既是非常讨厌的人,我们就应设法避开他们,免得他们分散你的精力,使你不能安心于工作、学习和生活。因此,所有想干好正事的人都必须绕开小人,有必要的话,可适当向他们让一点步。

作为二十几岁的年轻人,在交际方面,不要和小人有任何瓜葛。因为他们善于搞小团体,喜欢恃强凌弱,一旦与他们的意见不和,他们会一块儿来整你。所以对于这种人,离他们越远越好。如果你总是拖泥带水,到头来可能会把自己搭进去。

小人让我们明白了世道的凶险,提高了警惕,在与小人斗智斗勇的过程中,我们会成为交际的高手。面对小人,我们唯有洁身自好,提高警惕,才能用智慧和正义的力量把他们制服。

10.拒绝也是一门艺术

在社会交往中,我们也会碰到需要拒绝的人和事。而如果不能很好的处理好拒绝的问题,会对人脉产生负面的影响。

在二十几岁的时期,选择拒绝的本领,实在是一种生存的技巧。正是年轻气盛的时候,做人行事还是会逞一时之气,或因不恰当的拒绝,伤害自己交际的圈子。到头来,让自己的前路受阻。

表演是艺术,拒绝也是一门艺术。要拒绝得好,确实需要掌握一些方法。以下,笔者总结了一些心得,供大家参考。

(1)假托找借口

直言是对人信任的表现,也是与对方关系密切的标志。但有时直言可能逆耳,不能收到预期的效果。在这种情况下,要拒绝、制止或反对对方的某些要求、行为时，可假托非个人的原因加以拒绝，这样对方就容易接受。

例如，某报社的推销员登门要求你订阅他们的报纸，你不想订阅。你可以很有礼貌地说："谢谢。你们的服务很周到，可是我家已经订阅了其他几家报社的报纸了，请谅解。"

（2）模糊应对

交往中，由于某种原因不愿意或不便于把自己的真实想法说给对方，这时就可以用模糊语言来应对。

例如，在医院里，一位患有严重疾患的病人问医生："我的病是不是很重，还有康复的希望吗？"医生回答："你的病确实不轻，但是经过治疗，安心养病，慢慢会好的。"这里的"慢慢会好"是模糊语言。这"慢慢"是多久，是说不清的，但给病人以希望，对病人是一个安慰。

（3）可行性妥协应对

这种方法是明确表示你希望满足对方的要求，并表示同情，可是实际上却是心有余而力不足，请对方谅解，而不直接拒绝。这样也能收到良好的效果。

例如，客户要求电信局安装市内住宅电话，由于供不应求，无法一一满足，但又不能拒绝客户的要求。回答时，应表示同情，并热情地说："满足客户的要求是我们应尽的责任，可是由于目前线路短缺，还不能全都解决，我们正在创造条件，请你耐心等待。"

（4）选择应答

选择应答是对对方提出的问题，有选择地回答，而不直接否定对方，有人喜欢你直截了当地告诉他拒绝的理由，有人则需要以含蓄委婉的方法拒绝，各有不同。拒绝也是有技巧的：提出不合己意的问题。

例如你的同事问你："某某小说写得很不错，你认为怎样？"

你可以这样回答："还可以，不过我更喜欢某作家的某小说。"

再如,星期天你的女朋友说:"今天我们去看演唱会好吗?"而你不愿去,可说:"去看电影怎么样?"这样回答不会引起对方的反感,可能会同意你的意见。

(5)巧避分歧

对某人某事有不同的看法,而你又一时说不出谁是谁非,这时就要本着"求大同,存小异"的原则,用巧妙的辞令含蓄地加以回避。

例如,有人问一位乐评家:"你对当前争论最大的歌手×××是怎样看的?"

乐评家回答:"过去我与×××素不相识,直到前不久一次演出时听了她的演唱才算认识了。关于×××的争论我不了解,但觉得像她这样的优秀歌手,我们要珍惜,不应过多地苛求。我们这一代人的人文环境不好,文化营养不足,在这种条件下,能够达到这样的演唱水平,太不容易了。我们应充分敬重她,不要苛求。"这是巧妙地避开争论的问题又说出了一般人对×××持有的看法,可谓巧避分歧。

(6)用幽默表示拒绝

国学大师钱钟书最怕被宣传,更不愿在报刊上露脸。有一次,一位英国女记者看了《围城》,非常喜欢,就想去采访钱钟书。她打了很多次电话,终于找到了钱钟书。她想求见钱钟书,钱钟书执意谢绝,在电话中,他对那位女士说:"小姐,假如你吃了个鸡蛋,觉得味道不错,何必要认识那个下蛋的母鸡呢?"

钱钟书幽默地回应女记者的采访要求,既不伤对方颜面,又能委婉的拒绝对方,实在是妙!一个懂得幽默拒绝别人的人,能够使别人在你的拒绝中,感觉到你是善意的、真诚的,当然,也能愉快地感受到你的原则。

人与人之间,允诺和拒绝经常发生,重要的是在拒绝的同时获得友谊,在允诺的同时不失去自我。一味地顺从,会失去自我;一味地拒绝,会失去朋友。二十几岁的人,应该懂得有容乃大,也应该明白不能来者不拒。

第七章
20 岁学会理财, 30 岁财源滚滚来

二十几岁正处于挥汗打拼的阶段, 如果你在这个时候学会理财, 就会事半功倍, 少走很多弯路, 就会比别人更早达到各种生活目标, 实现自我理想。20 岁的时候学会理财, 合理利用种种处理金钱的方法, 相信 30 岁后你就能成为一个别人羡慕的有钱人!

1.你不理财，财不理你

常常有人抱怨：我对数字不敏感，天生就不是理财的料。这样的话只能说是借口，没有人天生就会理财，但是理财却是和一个人的生活息息相关的。

不论是为了满足生活的需要，还是为了实现人生的理想，理财的重要性都不言而喻。正是对财富的需求，对财富恒久持有的需求，对财富实现最大效用的需求，催生了对理财的需求。

有人把勤俭作为美德，古有明训："大富由天，小富由俭。"好像致富的不二法门就是开源节流，中国的储蓄率也因此一直居世界的前几名。然而，在这个竞争日新月异的时代，那些成为千万富翁的人们却持有这样的观念：开源节流固然重要，但理财更重要。

设想一下，假如你要挣到1亿元，那么在1亿多的财富之中，究竟有多少钱是由勤俭、开源节流而来的？答案是你一年存1.45万40年共投入58万。58万约占1亿的0.6%，而99.4%的财富都是由投资理财而来，也就是用钱赚钱的方式而来的，每年20%的报酬率，经过4年利滚利赚来的。由此可见理财是多么重要，因此很大程度上一个人一生能累积多少钱，不是取决于他赚了多少钱，而是他如何理财。

很多千万富翁在创业初期，没有资本优势，甚至资金非常短缺。但他们后来之所以成功就是因为他们懂得：把钱花在刀刃上。

如果一位上班族到年老时，发现自己的财富大多是自己一生刻苦耐劳、省吃俭用赚来省来的，几乎可以肯定，他不会很有钱。对于多数人，要改善财务状况的首要任务，不是加强开源节流，而是加强投资理财的能力。

你可以这样算一笔账。单靠开源节流不理财的话，一年即使储蓄 100 万元，也必须在 100 年后才能累积到 1 亿元。若利用投资理财，一年只要储蓄 1.4 万元，40 年就可成为亿万富翁了。

要理财并非否定开源节流，富人们也喜欢通过聪明地花钱而省钱，并且至少要存下收入的 10%。

在这里，我们强调的是，不要只顾开源节流而忽略理财，投资理财在累积财富中占重要地位。善于理财者，一生的财富主要是靠"以钱赚钱"累积起来的，而不是省来的。

建立一个体系，让钱源源不断地注入你的生活。其中最重要的一点是，不管自己的收入多少，总要留出来一部分余钱。这可能是最难做到的事情，但是对长期的致富计划来说，这绝对是重要的。

"你不理财，财不理你"，不管处于什么状况，对自身的财富未来都是要有一个合理的规划！二十几岁的年轻人，不要眼馋别人的名车别墅，做一个实干家远远要强于幻想家，利用你手中的资本、掌握的人脉，从现在开始理财，一步一步按照自己的财富规划勇敢地走下去，慢慢你就会发现，变成有钱人其实并不难。

2.二十几岁的理财观，决定你的后半生

这个世界上，没有人不想变成有钱人，尤其是二十几岁的年轻人。这个年龄是最没有钱却最需要钱的时候。吃喝玩乐不说，要穿名牌衣服，要联系朋友，要结婚，要买房子，要养孩子，要赡养老人，到

处都需要钱。就算你不需要这些,那想考研呢?进修呢?培训呢?想给自己充电都没钱,总不是滋味!

所以,二十几岁的年轻人,需要理财,而想在 30 岁以后成为一个有钱人,就更要学会理财。

理财算是个时髦的词儿,但时尚的年轻人并未真正理解理财的内涵,更不要说是如何理财了。如今年轻人当中,涌现出了很多的"月光族",甚至有的年轻人工作后还和家里要钱,成了不折不扣的"啃老族"。

我们再看国外的一些年轻人,很多孩子从小就学了一定的理财知识。一些富翁唯恐自己的孩子无法继承自己的资产,或者成为一个浪荡公子,便强迫自己的孩子学习理财知识。

美国的父母希望孩子早学会自立,懂得勤奋与金钱的关系。他们把理财教育称为"从 3 岁开始实现的幸福人生计划",让孩子学会赚钱、花钱、存钱、与人分享钱财。一般的美国人没有"铜钱臭"的思想,他们鼓励孩子从小挣钱,教导孩子通过正当手段赚取收入。

英国人在理财教育方面提倡理性消费,鼓励精打细算,所以英国人善于寻找合适的生活方式。自然,英国人把他们这种理财观念传授给了下一代。

日本家长在给孩子买玩具时,无论高收入的家庭还是低收入的家庭,都会告诉孩子玩具只能买一个,如果想多要一个就要等到下个月。孩子渐渐长大后,一些父母会要求孩子准备一个记账本,把每个月零花钱的使用情况记录下来。

相对来说,许多的中国孩子则缺乏这些理财理念的灌输,直到二十几岁还是懵懵懂懂,甚至一无所知。实际上,从小树立正确的理财观念,培养正确的理财习惯对一个人的成长是非常有帮助的,毫不夸张地说,年轻时的理财观能决定一个人的后半生。

想想看,如果学了理财方法,就可以节省开支,获得一部分收益,而不会因为"预算不足"而不得不购买一些次级商品;如果二十几岁时就能合理分配金钱，那么到 30 岁时很可能有更多的光彩；如果在年轻的时候能够耐下性子，理性学习一些长辈的理财方案，那么，以后就可能拥有更多投资"幸福"的本钱。

虽然发了工资以后可以任意挥洒，可以留下很多美丽的回忆，但人生路漫漫，谁能保证以后不出现紧急时刻呢？有钱难买早知道，如果二十几岁就知道"利滚利、钱生钱"的道理，就不会出现"钱到用时方恨少"的状况。

刘小姐常感慨钱不够花，毕业已经三年了，但仍没积蓄，每月总把 2000 到 3000 的工资花光。春节她拿到 6000 元年终奖，买手机花了 3000 元，烫头花了 500 元，再加上买衣服、拜年发红包，到头来年终奖还不够用。

二十几岁时的理财观能够决定一个人的后半生，这不是危言耸听。虽然大多数的年轻人没有很多钱需要理财，也没必要去参加理财培训，但树立起良好的理财理念，养成良好的理财习惯还是很有必要的。二十几岁已经不再是懵懂无知的年龄了，应该明白金钱的价值，学会理性消费，为以后的人生加油！

没有正确的理财观念，就会放任金钱的无辜流失，金钱得不到合理的分配，不能增值，只是死水一潭，靠着可怜巴巴的那点薪水，又怎么能买房子买车子呢？

二十几岁是最适合开始理财的时期，不要说你没钱可理，也不要说你的钱少得无从理起。不管当前财务状况如何不堪，都应开始理财。希望每个年轻人都马上启动自己的理财计划，让你的后半生更加精彩，你的人生也将不同凡响！

如果想在 30 岁时不必为存款奔波，40 岁时不必为养老问题而发愁，50 岁以后从容享受人生，那就在 20 岁开始学会理财吧。20 岁时的投资理财观念，将决定整个人生的质与量。

3.要学会像富人一样思考

常有人疑惑:在这个世界上,为什么同样是人,有人显达、富有、成功,有人平庸、穷困、失败?看看我们的周边,谁不希望摆脱贫困成为有钱人,但要达到这一目标对大多数人来说实在是不容易的事。有许多人把这归咎于命运,也有不少人在暗自感叹机会的不公。

那么,究竟是什么造成了巨大的差异呢?有人说这取决于能力,难道能力是天生的吗?为什么别人的能力很强而你很差呢?科学研究表明,人的天赋存在差异,但差异很小,你无理由归罪于你的天赋。有人说取决于知识,为什么别人有知识,而你没有知识呢?难道你不具有同等的学习机会吗?而且知识并非决定人的关键因素。有人说这取决于社会环境,那么为什么在同样的环境中,有人成功,有人失败?有人说取决于机遇,那为什么生活把机遇赐予别人,而不会给你呢?

一连串的问题会不会让你有所触动?其实造成这一切的还是你自己,成功离你并不遥远,20几岁的你如果想成为有钱人,就要了解有钱人的想法,你必须首先在思维上做个有钱人,掌握正确的思维方式,然后去做有钱人做的事,要遵循的程式很简单,做人—做事—拥有。

从表面上看,穷人和富人的差别是谁钱多谁钱少,但本质上的差别是对待理财的态度。理财不仅是一种手段,更是一种思想。如果你想成为一个富人,就必须改变你的思路。穷人不仅缺钱,更缺理财的头脑。每一个白手发家的人都是从一无所有走过来的,投资也是这样,刚开始投入虽然有限,但从以财生财的观念来看,会为未来获取更大收益打下坚实的基础。

在现实生活中，有很多人希望攒一大笔钱后，做一笔大生意，发一大笔财。因为他们认为只有大投入才能赚大钱，但往往事与愿违，大多数以失败告终。究其原因，是不成熟的动机和思维方式，也就是理财观念的问题。

反过来看，仅靠自己的本事，会逐渐富有起来吗？事实证明，职业带来的财富微乎其微。钱不是攒下来的，是赚出来的！

很多人面对投资，总认为有风险，总是注意谁又亏了，谁又血本无归了。然后把钱存在银行，成为富人的踏脚石。殊不知，这就失去了逐渐成为一个富人的机会，只能成为一个辛苦赚钱的工具，而非自由自在地享受生活的人。

穷人没钱，富人有钱，穷人少什么？富人多什么？穷人少的不仅仅是钱，更缺乏一个理财和赚钱的头脑！

大多数穷人的朋友都是穷人，在一起吃饭喝酒的时候感觉很开心，聊一些无聊的主题，开玩笑谈女人，除了开心地吃一顿饭或者增加友情，可以说毫无意义。富人在一起的时候也聊天，也谈无聊的话题，但是他们关注的是从这些话题中捕捉对自己生意或投资有用的东西。因为他们知道，在这里聊天，不能浪费自己的时间，因为时间就是金钱。要想富有，就必须向富人学习。只有先去学习，你才会得到他们致富的经验。

但是富人可不是那么好接触的，因为富人的时间总是不够用。整天无所事事，喊着无聊有聊的人绝对不是有钱人。即使有，也离破产不远了。要学习理财，最好充分利用你的时间。

有一个穷人非常美慕隔壁富人舒适惬意的生活，于是他对富人说："我愿意在您的家里干三年活，不要一分钱。只要吃饱饭，有地方睡觉就行。""原来还有这样的好事。"富人想都没想就答应了穷人的请求。三年后，穷人离开了富人的家，不知去向。

十年之后，昔日的穷人变成了大富翁，而以前的富人家道中落，相比之下显得寒酸。于是富人对昔日的穷人说:"我愿意出10万块钱买你致富的经验。"昔日的穷人哈哈大笑:"过去我是用从你那里学到的经验赚钱,而今你又用金钱买我的经验呀。"

昔日的穷人用三年的时间学到了富人的经验,获取了比原先富人还要多很多的财富。所以说,财富是靠头脑来赚取的。作为二十几岁的年轻人,要学会像富人一样思考!

不得不承认,致富是一场心理游戏。有钱人专注于机会;穷人专注于障碍。有钱人玩金钱游戏是为了赢;穷人玩金钱游戏是为了不要输。有钱人相信:"我创造我的人生。"穷人相信:"人生发生在我身上。"

我们应该都听过这样一个故事。

有两个亚洲人到非洲去推销皮鞋,由于天气炎热,非洲人向来是打赤脚。第一个推销员看到非洲人都打赤脚,立刻失望起来:"这些人都打赤脚,怎么会要我的鞋呢?"于是放弃努力,沮丧而回。

另一个推销员看到非洲人都打赤脚,惊喜万分:"这些人都没有皮鞋穿,这皮鞋市场大得很呢。"于是想方设法,引导非洲人购买皮鞋,最后发大财而回。

有钱人之所以有钱,原来是他们的思考模式不一样。而这些思考模式是值得年轻人学习的,只要思想做个改变,删除穷人的想法,安装富人的想法,假以时日也可以达到财务自由。

4.20 岁时,一分钱也要赚

在美国的华尔街,有两个年轻的好朋友:一个德国人,一个英国人。他们都怀着强烈的事业心来到这里,寻找发展的机会。

一天，两人正走在街上，突然看到有一枚 1 美分的硬币躺在地上。英国青年看都没看就走了过去，而德国青年却弯下腰捡了起来。

英国青年回头鄙夷地白了德国青年一眼，虽然没说一句话，但意思很明显：连一枚硬币也捡，真没出息！

后来，两人同时进了一家公司。公司规模不大，工作时间长，劳动量也大，而工资却很低。面对这种情况，英国青年干了一段时间就不屑地走了，而德国青年却高兴地留了下来。

三年后，两人又在华尔街上相遇。这时的德国青年已经有了房子、车子和自己的公司，而英国青年却还在继续找工作。

回想当年德国青年捡起一枚 1 美分硬币的情景，英国青年怎么也想不通，那么没出息的人竟然这么快就发财了？

面对他的疑惑，德国青年说："我之所以会有今天，是因为我不会像你那样绅士般地从一枚硬币上跨过去，我珍惜每一分钱，每一个机会。而你连一枚硬币都不屑一顾，又怎么会发财呢？"

德国青年的话很在理。不积小钱，无以成金山。二十几岁的时候血气方刚，豪情满怀，却往往心比天高，只想赚大钱，而对小生意、小钱不屑一顾。事实上，刚刚踏入社会，在事业上也只有刚刚起步，尤其需要把眼界放低，从小生意做起，一步一步，积蓄力量。这里，台湾最大的民营制造业集团的创始人，有着"经营之神"之称的王永庆的故事，就很值得年轻人学习。

当时王永庆辍学后，怀揣着向亲友借来的 200 元钱，背井离乡，开了一家米店，从此走上了创业之路。

米店刚刚开业就遇到了重重困难。大多数人都习惯到老米店去买米，像他这样新开的小店无人问津。一连几个月，米店一直门庭冷落，经营惨淡。王永庆不得不挨家挨户地去上门推销，但顾客依然寥寥无几。王永庆焦急万分，自己初来乍到，既没有实力，也没有品牌，要想打开局面，谈何容易？

为了找到解围的良策，他冥思苦想。当时碾米技术还不太成熟，米中常残留一些米糠、砂粒等杂物。对此,买米者早已见怪不怪了。王永庆决定把这作为一个突破口。他反反复复把米筛了一遍又一遍,直到看不到一粒杂质。他深信只要米的质量比别人的高,顾客一定会买自己的米。这一招果然灵验,没过多久,米店的顾客开始多了起来。

当时的米店老板一般都是坐地经营。王永庆增加了许多便利服务。对那些年老体弱的人,他帮他们把米送到家,而且记下他们的日用量,然后在下次吃完之前,便提前把米送来。王永庆的真诚服务受到了这些老人的交口称赞。在感激之余,他们一个个都成了他的免费宣传员。如此,王永庆的销路逐渐打开了。

在此基础上,王永庆更加注重细节服务。每次送米的时候,他都把旧米先取出来,用自带的干净毛巾把米缸擦拭干净,然后把新米放在下面,陈米放在上面,以免陈米放久变质。这些细小入微的免费服务,在附近的居民区引起了巨大的反响,他的生意越做越红火。

当时,王永庆的米店本小利薄,1斗米只赚1分钱。但王永庆对每1分钱都非常在意,从来不敢怠慢任何一个顾客。

在一个风雨交加的夜晚,王永庆已经睡熟了,突然被一阵急促的敲门声惊醒。原来一家饭馆因为临时来了好多客人,急需1斗米。深更半夜,又下着大雨,1斗米只有1分钱的利润,但是王永庆二话没说就量好米,用雨衣把米裹严实,自己则披了一块塑料布就把米送过去了。

随着米店的生意越来越好,王永庆拿出一部分收入开了一家碾米厂,改变了利润微薄的局面。

依靠自己的努力,王永庆一步步发展壮大。多年之后,他创办了名震中外的台塑集团,并且赢得了“世界塑胶大王”的美誉。

生意不在大,而在于精。这里的精,是精心经营的意思。麻雀虽小,五脏俱全。生意小,但不意味着简单。小生意有小生意的难处。如果我们连小生意都做不好,又何谈做大生意?

因此，在还不具备做大生意的条件时，不妨先从小生意做起，从小钱赚起。小生意也有小生意的好处：成本低、风险小、易控制。通过做小生意，可逐渐适应商场的氛围，磨炼自己经商的本领，积累做大事的资本。

作为二十几岁的年轻人，还不具备做大生意的能力，任何一夜暴富的梦想都只能是不切实际的幻想。先有小钱，然后才会有大钱。二十几岁的时候，就是要从一分钱开始赚起，积少成多。

5. 20 岁以后，学会做一名"账客"

小李今年 26 岁，是一家外企的职员。她和老公虽然收入都不错，但每月付完房贷后，还要拿出一部分钱来供养爱车，再加上一些应酬，基本上属于"月光"一族。

前不久，同事向小李推荐了某账客网，告诉了记账的种种好处。对数字不敏感的小李，想到要天天记账，就直摇头，后来同事说一点也不难，小李才去试试。没想到，真的比自己想象的简单得多。只要在网站上输入密码，就可进入到网上记账本，然后就可以轻松记录每天的收入与支出，到月底时还可自动统计各项花销的金额及其所占比例。

真是不记不知道，一记吓一跳。记账没几天，小李就发现家里不必要的支出很多，知道钱花在哪里了，心里就有谱了。小李觉得自从做一名"账客"以后，在理财上大大受益。如此，心里有了清楚的账目和消费明细，每个月能存下不少钱。

这就是时下在白领中流行的"账客"一族。所谓"账客"，就是每天把花的每一分钱都记一笔账的人。其记账的目的是为了更高效率地花钱,让自己的收支情况明晰。当然,不管是通过网络记账本,还是传统的记账簿,按收入、支出、项目、金额和总计等项目,将平时的开销记下来,不仅可以知道各种用度的流向及金额大小,并且可以当做以后消费的参考。

一年半载后,再把各类开销分门别类,就可以知道花费在食、衣、住、行、娱乐等各方面和其他不固定支出的钱有多少,并进一步区分出需要及想要,以便据以进行检讨与调整。要养成记账的好习惯,可以依照下列方式进行。

财产统计:记账首先要明白自己有什么,了解自己所拥有的电视、电脑、家具、汽车等不动产有多少,流动资金有多少,借给别人多少,弄清楚这些之后再做经济资源的配置,就可以做好自己的财产管理。如果连自己拥有多少财产都不清楚,又怎么能做好理财规划呢?

收入统计:每个月多少薪水,有房的人每月能收多少租金,还有没有其他的收入等。包括所有的现金或银行存款都要记录下来,并详细分类。但要注意,这里的收入只有实际拿到的才算,现金和银行存款是流动资金,是可以随时支配的财产。

支出统计:即使是流水账也要做好,为明白自己所花的每一分钱的流向,为了堵住金钱流失的黑洞,必须每天记录支出,并且每月月底汇总,持续做下去,有了比较,就能养成量入为出的好习惯,房租、吃饭、水费、电费、网费、交通费这些都要详细记录,不管把钱花在哪,都一定要弄清楚,让钱花得明白。

制订生活预算:参考做出的明细表,做一个生活预算。做预算的时候,考虑每个月正常支出之外,还要注意突发情况,比如感冒生病,旅游,和朋友、同事聚餐等这些非经常性支出。该花的还是要花的。记账的目的不是吝啬,而是要让钱的来龙去脉清清楚楚。

生活支出和投资账户分开:每个月拿到现金,将收入减去支出,剩下的钱就可以用来投资,但是投资资金和生活支出一定要分开。

最好设立两个账簿，确保投资持续稳定地进行，最主要的是避免财富的无端流失。有了财富黑洞，会影响投资。不同阶段，可规划不同的投资目标，灵活记账更佳。总之，记账是为了妥善规划日常的收支，能量入为出，将余钱进行相关的投资。

刘先生在湛江某金融公司工作，月薪 6000 元，除去房租、生活费，刘先生喜欢逛街买衣服，而且喜欢和朋友一个月去酒吧几次，还经常去 K 歌。一个月下来，6000 元常不够花。有时候不得不跟好友借钱。结果几年的工作不但没攒下钱，而且连房子都没买到。自从他在好友的推荐下开始记账后，一个月的记账让他看到了他自己的铺张浪费。他开始减少去卡拉 OK 和酒吧的次数，不买不必要的衣服。几个月下来，效果出来了，刘先生不但有了积蓄，还学会合理分配资金，他将 40%~50% 的资金拿去储蓄，20%~30% 的资金用于购买股票基金，20%~30% 的资金用于购买分红保险，5% 的资金用于买彩票。三年以后，刘先生贷款买了房子。他说："我希望我的生活是在一种可控的情况下，记账是为了控制我的支出。加入账客，不仅是为了学会记账，更重要的是从中学会理财，提升自己的生活品质。"

作为二十几岁的年轻人，学会理财的第一步就要懂得记账。只要及时记账，对容易造成财产流失的几个方面多加注意，堵住财产流失的黑洞，就会成功实施理财计划，成为理财高手。

6.投资，让钱滚动起来

二十几岁的年轻人，大多数毕业时间不长，初涉职场。进入社会碰到的首要问题就是处理财务收支。参加工作伊始就养成良好的理财观念和习惯，对以后的工作和生活是非常重要的。很多毕业不长时间的年轻人都是"月光族",别人害怕成为"房奴""车奴",自己想当都没有机会,想继续深造求学或者筹备结婚更是无望。

从中国大的经济形势来看,目前的薪资涨幅是赶不上物价飞涨速度的,靠薪水致富几乎是不可能的。大多数人的薪水并不高,也许很多人会说,每个月就那么点钱,怎么理财?可是同样领薪水过日子,有人成为穷上班族,有人成为富上班族,抛开能力、学历等因素,理财方式所占的比例是相当大的。低薪者理财有什么方法吗?来看下面一个小故事。

王涛和李斌是大学时的同班同学,学的是设计专业,2006年毕业后同时进入一家效益不错的广告公司,开始做起了广告设计的工作。王涛和李斌的学历相同,能力也不分上下,因此他们进入公司后的收入相差无几。但两个人的理财观念不同。王涛思想保守,每次发薪水后,他要做的第一件事就是把几乎全部工资存进银行,手中只留很少的钱。他所买的衣服很少超过100元,他不会轻易地浪费一分钱。而李斌有所不同,每次发工资后,也去银行存钱,但只是把收入的1/2存进银行,剩下的作为日常开支,因此,和王涛相比,李斌的生活有滋有味。两年之后,王涛的账户上已经存了5万元,而李斌的账户上只有3万元。王涛看着自己的积蓄比李斌多出2万元,于是对自己更有信心,希望存更多的钱。此时,股市正处于一种直线上涨的趋势,经朋友的介绍,李斌取出自己仅有的3万元积蓄,购买了股票。两年后,3万元变成了10万元,此时的股市情况已不如从前,于是他迅速出手,收回自己的资金,然后利用这10万元,再加上手中的6万元储蓄,在一条繁华的商业街购买了一套价格16万元的门面房,把这套房子以每月3000元的租金出租。三年之后,这套门面房的价格上涨为52万元,而房价已不再有上涨趋势,于是他立即将房子出手,然后花50万元购买了一套80多平方米的住房,为结婚做好了准备。一年后,他和相恋4年的女友结婚,而且还买了自己的私家车,小两口过上了滋润舒适的生活。

　　而现在的王涛，由于理财观念保守，总感觉把自己的积蓄放在银行中才安全妥善，所以几年下来，他处处节俭，最后只有二十万元的存款，但是此时的房价居高不下，对他来说，买房依然是奢望。王涛现在依然是无车无房的"无产阶级"，就连给自己心爱的女友买件礼物还要算计一下。

　　王涛和李斌最初的经济基础相同，就因为两个人的理财观念不同，所以生活才有了天壤之别。我们强调理财，并不是指会节省钱，会存钱。特别是如今这样的社会，竞争越来越激烈，二十几岁的年轻人，大多数都是每月拿着微薄的薪水过日子，生活谈不上滋润，即使是拼命省吃俭用，到头来也不能攒下来多少钱。所以说，在理财上，除了懂得节俭，还要学会适当投资，才可以达到"钱生钱"的目的，使自己过上无忧无虑的富裕生活，并逐渐走向发家致富的道路。

7.让钱在流动中升值

　　一位经济学家给在校的大学生们出过一道有趣的选择题。

　　假如你有两种选择，

　　A.从 20 岁开始每年存款 20000 元，一直存到 30 岁，60 岁后取出作为养老金；

　　B.从 30 岁开始每年存款 20000 元，一直存到 60 岁，然后在 60 岁时取出作为养老金。

　　请问，在年平均收益率为 7% 的情况下，你会选择哪个？

　　大多数人都会不假思索地选择 B。因为从本金来看，A 只有 20 万，B 却有 60 万，B 是 A 的三倍。事实上，这个选择是不明智的。

　　有兴趣的朋友可以计算一下，在年收益率为 7% 的情况下，如果选择 A，最终可以拿到的金额是 140 多万，而选择 B，最终能够拿到的金额却只有 120 多万。这可能令人难以置信，却是科学的事实。其中的玄机就在于时间的复利效应。

复利是一种计算利息的方法。按照复利的计算方法，利息除了根据本金计算外，新得到的利息同样可以生息，也俗称为"利滚利"。如果懂得巧用复利投资，就可以让自己的钱在流动中大大升值。

二十几岁的人，可能还在贫困线上徘徊，可能刚刚满足了衣食之需。但一定要树立起这样一个理念：人生理财越早开始，就越有利于长远发展。

有句话说：你不理财，财不理你。当今时代，理财已经成为人必不可少的生存手段。当然，理财并不是简单地追求较高的收益率，而是放眼自己的后半生，做好长远的财务规划。因此，与其说理财是打理个人的财富，不如说是规划未来的人生。

二十几岁的人，必须根据个人情况制订适合自己的理财规划。首先考虑生活方面的理财，然后再考虑投资理财。因为只有解决了生活问题，才有可能展开进一步的投资理财。不过，对于大多数人来说，两种理财是相辅相成、同时进行的。

(1)明确价值观和经济目标

明确自己的价值观，才可以确立自己的经济目标。没有明确、可行的目标，就无法做出正确的预算。不能约束自己，就不能达到期望的长远目标。

(2)制订自己中长期的理财目标和规划

根据当前的收入、行业的前景、长远的目标以及生活的用度，制订出一系列长远的财富指标，才能对未来的整体财务状态有一个大致规划。通过规划，对未来的职业发展、家庭支出、子女教育、购房、医疗、养老等事宜做出详细的安排，既使自己和家人的生活品质不断提高，又要做到幼有所教、老有所养，最终达到家庭的财务安全和生活富足。

（3）了解收入及花销，做好日常财务安排

很多年轻人不知道自己的钱是怎么花掉的，甚至不清楚每个月的花销在哪里。了解这些基本的信息，才能制订预算，合理安排消费。什么地方该花钱，什么地方不该花钱，一定要心中有数。

年轻人要改掉乱花钱的习惯，养成良好的理财习惯。在生活中，要坚持量入为出，舒适开心的原则，不要追求高消费、超前消费。要学会攒钱，逐步积累财富。

如前文所讲，设置专门的个人支出账簿，每天把所有的花销都记入账目，按照衣、食、住、行、娱乐分类统计。月底就能由明细账目上看出钱是怎么花出去的，哪些钱花得其所，哪些钱是不值得的，然后不断改进。

（4）准备一笔应急资金

出门在外，免不了碰到这样那样的事情。比如：几个月找不到工作，意外受伤、生病及其他突发开支。对于这些不时之需，必须有一笔应急资金。一般情况下，按照自己两三个月的支出为最低额度留足这笔资金，把它存在活期账户上。除此之外，还有预留一笔大额的定期存款作为自己的二级应急资金。因为定期存款必要时可以提前支取，如果第一笔钱不够用的话，就可以动用另一笔应急资金。

（5）至少购买一种商业保险

天有不测风云，人有旦夕祸福。人生在世，意外和风险无处不在。这些意外随时都对我们的家庭和财富构成潜在的威胁。

如果没有保险的保障，我们的人身安全和财富梦想将会不堪一击。一场交通事故，一场火灾，甚至一场疾病，就可能在短时间内侵蚀掉我们大量的财富。灾难过后，我们能够保住生命就已是万幸了，而从小康生活变得一贫如洗更是常有之事。

我们需要一堵"防火墙"，用来抵御意外、病痛、生老病死等未知的不幸带来的财产损失。起码在这些不如意的事情发生时，家人不必在经济上和生活上再受连累。

我们最少要为自己购买一种意外保险。在目前各大保险公司，意外伤害保险费并不高，一个家庭每年只要交数百元就可以获得十几万元的意外伤害保险。对于二十几岁的年轻人来说，如果没有太多的资金用于缴纳保费的话，这样类型的保险还是非常必要、非常划算的。

8.趁年轻创业，为自己挣第一桶金

不管怎么理财，最终目标都是为赚钱。最好的赚钱方式是自己做老板，有一项属于自己的事业。

最近流行一种说法，29岁以前属于青春"保质期"，29岁以后，就过期了。因此，如要在青春岁月里有所突破，创出一番事业来，就宜赶在青春"过期"之前。张爱玲说："成名要趁早。"若将这句话解释为"人生能量的迸发应及早开始"，这样的原理同样适用于创业，商界中众多风云人物，都为此做了注解。

大名鼎鼎的比尔·盖茨，创办微软的时候只有20岁；

Google的所有者是两个三十出头的年轻人，布林和佩奇；Google成立时，布林24岁，佩奇25岁；

股神沃伦·巴菲特25岁开了"巴菲特有限公司"；

SONY先生盛田昭夫25岁创立东京通信工业公司；

设计大师皮尔·卡丹28岁成为世界闻名的服装界巨匠；

台湾经营之神王永庆29岁成为成功的木材商人；

1953年，30岁的霍英东创造了"卖楼花"房地产营销新理念，一时间掀起全港地产狂潮；

1958年，30岁的李嘉诚在香港资产已经突破千万港元；

1961年，30岁的默多克，已将《澳大利亚报》的产业，从澳洲延伸到了英国。

很多二十几岁的人认为，这个时候谈创业就是投机，自己下了本钱，过不了多长时间就能发大财。其实这种投机心理是非常可怕的，对创业者甚至是致命的！

对于创业的选择，首先要从自身的能力考虑，它是一种综合素质包括了：知识，资本，人脉，对突发事件的处理能力，对挫折的承受能力。风险大的，投资大的，不一定回报率就大，一定要为自己的"头"戴一顶合适的"帽子"，为自己的脚找一双合适的"鞋"，才有利于企业的成长。以下，针对年轻人创业提几点建议。

（1）创业要从自己最熟悉的行业开始

常言说得好，隔行如隔山。若是和朋友在吹牛聊天的时候，不懂装懂也无大碍，但是在生意场上，不懂装懂可是要损失钞票的。

美国的大文豪马克·吐温在文学创作方面是一个天才，而在商业上却是一窍不通。他先后两次经商失败，债台高筑，损失达30万美元。

1880年，马克·吐温由于创作出色，逐渐有了名气。这时一个叫佩吉的人对他说：我在从事一项打字机的研究，成功后，产品投放市场会获得高额利润，谁肯投资将会得到无尽的好处。马克·吐温心想：只有投资商业，才能发大财。于是他爽快地拿出2000美元，投资研制打字机。

一年过去了，佩吉又找到马克·吐温说："快成功了，只需要最后一笔钱。"两年过去了，佩吉又拜访马克·吐温说："快成功了，只需要最后一笔钱。"时光如流水，转眼十年过去了，马克·吐温投资了十几万美元，打字机还没有研制成功。最后等到的是其他人已把打字机发明出来的消息。他这时才猛然醒悟，后悔地说："现在我承认自己是个大傻瓜。"

一个大文豪经商遭到失败，而且时间之久，损失款额之多是令人沉思的。简析其失败的重要原因就是他在研制打字机方面是外行。对于从事这种研究的种种问题他一无所知，佩吉一次次找他投资，实质上是引诱他一次又一次受骗。同时，由于他受发财梦的驱使，轻信佩吉的谎言，直到他的发财美梦成了泡影，十几万美元付诸东流时，他才明白自己在经商领域是个一窍不通的人。

这就给年轻的创业者提了个醒，在选择行业应注意的事项中，不管有怎样的规定，都要以选择自己喜欢、擅长的事为根本。正如巨人集团的史玉柱所言："不熟悉的行业千万不能碰"。

(2)找到自己最有兴趣的切入点

福勒制刷公司首要创办人阿尔弗拉德·福勒，出身于贫苦的农家，住在加拿大东南的新斯科夏半岛。福勒向往着能过上好日子，但是他却连基本的生计都难以维持，先后从事了三种工作，但都没有干多久就失去了。

整整两年时间他一直想找到一种自己喜欢干的工作，他试图销售刷子，在此他受到了启迪，他的生活发生了根本变化，他认识到原来的工作之所以干不下去就是因为他不喜欢，他喜欢的是现在这种工作。他明白：他会把销售工作做得很出色。

福勒立刻集中精力从事世界上最好的销售工作，很快，他成了成功的销售员。

他在攀登成功的阶梯时，又立下一个目标：创办自己的公司。这成为他要为之奋斗终生的目标，因为这是适合他个性的事业。

阿尔弗拉德·福勒停止了为别人销售刷子。这时他比过去任何时候都兴高采烈。他晚上制造刷子，第二天就出售。通过努力，销售额开始上升，有了一定的收入，这时他就在一所旧棚屋里租下一块地方，雇用一名帮手为他制造刷子，他本人集中精力于销售。

后来，福勒制刷公司拥有几千名售货员和数百万美元的年收入。

确定自己的事业，首先就应该是自己喜欢的事业。

9.二十几岁年轻人容易陷入的理财误区

俗话说："吃不穷,穿不穷,算计不到就受穷。"现在的生活水平要高出以前很多。懂得理财,怎么理好财是每个二十几岁的年轻人都应该关心的话题。

现今,理财已经成为生活中很重要的部分。但投资不等于赌博,理财不等于储蓄,冲动和盲目都是大忌,在制订理财计划之前,需要先了解一些理财的误区。

(1)无财可理

小马毕业一年有余,找到一份广告策划的工作,月薪 3000~3500元,也不需要补贴家庭。所以衣服购置、健身、购买喜爱的电子产品、朋友聚会、日常娱乐占了她大部分开销,粗算下来,如果没有其他大的开销,每个月能节余 500 多元。

小李跟小马毕业于同一所大学,早小马一年找了份收入一般但较稳定的工作,月薪 1500 元左右。而小李虽月收入不高,但一切从简,基本消费只有 800 元,又没有抽烟喝酒等嗜好,喜欢看书,每月花费 100 元左右买书。这样,小李每月的开销大概在 900 元,半年能节余 3000 多元。此外他还把其中的 3000 元转成了一年期定期存款,每年到期不取,自动续存。他向记者表示,等凑够了 5 万元就准备买一些保本型理财产品,比存在银行收益会高一些。

从上面的对比很明显地看到,小马并不是没有钱可以理,而是没有理财的意识。理财不在数额多寡,而在是否有理财的意识。

当下, 很多年轻人认为理财只是富人玩的游戏,"没有财, 怎么理啊?"是不少人的心声。绝大多数的年轻人经济基础薄弱,收入不高,入不敷出,加上很多理财产品的购买起点金额都不低,那怎么理财? 其实,控制消费、开源节流就是年轻人理财的第一步。建议先从日常消费记账开始。特别是有些追求小资情调生活的年轻人,花钱潇洒,等成了"月光族"也不知道钱都流哪儿去了。年轻人先要从明明白白消费做起,积累原始资本,要知道,滴水可汇成江河。一般先要准备相当于3到6个月生活开支数目的紧急备用金,多余的钱便可以用于投资了。

(2)理财,过几年再说

即使了解理财的意义之后,有的年轻人还是没下决心理财,想着"还年轻嘛,来日方长,理财过几年再说! 反正现在那点儿钱也理不出什么财。"年轻人的眼里,养老是遥远的事情。但年轻时必须清醒地认识到,未来的养老金收入将远不能满足我们的生活所需,退休后如果要维持目前的生活水平,除了基本的社会保障外,还需要自己筹备大笔资金。钱生钱,利滚利,越早开始正确投资,赚钱效果越明显,实现理财目标越轻松。

(3)只要赚的多,理不理财无所谓

王莉毕业后进入了一家外企工作,收入颇丰,可以说是名副其实的白领一族。但是王莉从来就没有理财意识,花钱大手大脚。不久前,王莉母亲因癌症住院,需要一大笔手术费,家里经济一下子紧张起来,王莉这才对自己的理财重视起来。

二十几岁的人群里,也有少部分的高收入人群。但这些高收入群体中也存在着大量不会理财、不愿理财的人。大部分都抱着的观点就是:反正我挣得多,即使大手大脚地消费都花不完,何苦还难为自己制订理财规划呢?

这是一种短浅的认识,虽然这部分人可能不用为买房、买车、结婚等高开销发愁,但需要注意的是,当下挣得多并不代表一辈子挣得多。特别是经商的群体,生意好的时候可以赚个盆满钵满,但不能忽略不稳定性。也许现在挣得多,那么十年后二十年后呢? 乃至退休后呢? 是否能依然保持目前的生活品质? 因此,资产管理也讲究可持续发展,而理财则是最有效的方法。

(4)要高收益、低风险的理财产品

世界上没有这样的好事:低风险,高收益。这又是一个经典的理财误区。希望稳赚不赔,是人之常情,可是,理财有条真理——风险永远和收益成正比,所谓"富贵险中求",要追求高收益,必然承受高风险;若承受不住风险,只能追求较低的收益。怎样可以两全其美呢? 那只能在收益与风险之间找到适合你的平衡点。一般说来,二十几岁的年轻人拥有持续的赚钱能力,再加上家庭压力小,较能承受风险,可选择风险偏高的产品,不必太过保守。当然,要做好投资组合需要一定的专业水平,如果自己操作不来,可以尝试选择基金产品。与股票、房地产、期货等投资工具比较,基金风险较低,收益较好,由专家帮你进行投资,投资门槛低,适合一般年轻人的理财需求。

在财富之路上,作为二十几岁的年轻人,要尽量躲开陷阱,绕过荆棘。通过改变一些错误的理财观念,让自己越来越成熟,就会越来越有钱。

10.二十几岁,超前消费不可取

如今,超前消费成了很多白领生活行为的准则,房子、车子、最新最好的时尚与科技产品先分期付款用起来再说,眼看奢侈品在中国越来越热,这股风潮引诱得白领们的眼界越抬越高。向明天的自己借钱,过今天名人的生活,不是每个人都能承受负翁生活带来的心理压力。向未来借钱不是不行,但这个未来最好不要太远,两三个月没问题,但如果是两三年,就要好好考虑考虑了。

二十几岁的年轻人,还是要恪守量入为出这个最古朴的原则。收入像河流,财富是水库,花掉的钱就是流出去的水,只有中间剩下的才是你的,所以从年轻开始,一定不能做"月光族"。"月光族"就是没财可理。30岁之前的年轻人,理财的最主要方式就是攒钱。

很多二十几岁的年轻人把工资当零花钱花掉,以"月光族""月光女神"为荣。谁最先"月光"谁最洒脱,仿佛存钱是件很土、很小气的事情。有的人甚至借钱度日。每个月就是一部返老还童的情景喜剧。月初有了生活费,过着神仙般的生活,而捉襟见肘的下半个月生活却像乞丐一样。中国的环境毕竟和国外不同,比如在美国,一个大学生找到一份正式工作,可以看到未来十年,二十年的发展前景,不用担心保险、医疗以及社会保障。但在中国,你能预测十年以后的发展状况吗?根本看不懂。所以,中国人消费保守由自己的国情所决定。

二十几岁的年轻人,由于缺少生活的磨砺,不知道钱是重要的东西,有些人反而认为穷是一种风度。年轻人的收入一般不高,很多人认为这点钱也不值得省下来,还不如吃了喝了痛快。

其实,工资少是因为你刚进入社会,你的学识和潜力都还没有得到锻炼和开发,当然不会有高收入。虽然钱主要是靠挣而不是靠省,但是如果总是挣多少花多少,忽视积累,那么永远都只有手头上那么点钱。

不要指望一夜暴富,每个月把收入的10%或20%积累下来,不要考虑这点钱能干什么或不能干什么,只要形成习惯,经过一段时间后你会发现自己不知不觉中已经有了一笔小钱。哪怕每天存10元钱,几十年后你也会有一笔巨款。

不要在意别人说你吝啬,也不要担心生活水平暂时跟不上同龄人。当积累到了一定程度的时候,别人必然会对你刮目相看。

二十几岁的人,父母尚有劳动能力,没有到完全需要你赡养的时候，也没有孩子需要抚养，各种人情往来还比较简单。倘若等到三四十岁，生活的种种负担陆续落到你头上，你想存钱都难了。所以，这个时期是金钱积累的最佳时期。

年轻人，在收入不高的情况下早日理财，花钱谨慎才是上策。

（1）不要掩饰你对财富的追求

追求财富不是庸俗可耻的事情，只要你的手段合法。这个社会是很现实的，有时候不得不承认，一个人的财富多少就代表他的社会地位的高低。

年轻人不应该用"钱够用就行"这样的话来麻醉自己，为自己的懒惰和平庸找理由。追求财富实际上是追求你的人生价值，因为高收入常常伴随着高能力。

你可以给自己定一个赚钱的计划，比如5年之内拥有多少资金。有了明确的目标，就有了奋斗的动力，同时，节省、不乱花钱的习惯就会养成。

（2）不要把钱花在无用处

好钢要用在刀刃上，钱也要花在必要的地方，能省就省，积少成多可以留做大用处。很多人因为不知道用钱来干点什么，需要干点什么，把钱都花在吃喝玩乐上面。结果钱花出去了，却什么都没有得到，所以常常有人抱怨，"我没干什么，钱就用完了！"

有的人觉得钱"值钱"，是因为他充分利用了金钱的价值，比如，花钱健身，收获了健康；花钱请人吃饭，联络了感情。而有的人花起钱来感觉"不值钱"，因为他们忽视了金钱的价值，比如，你花半个月的工资买了件可要可不要的衣服，买回家后又不喜欢穿，结果新衣"贬值"，钱没花到位；你花大把的钱买了一堆自己不喜欢看的书放在家里做"装饰"，花得也毫无价值。

钱要花到实处，不要为了虚荣花钱。把钱花得漂亮又适得其所。花钱的时候，你要考虑的是"需要什么"，而不是"想要什么"。因为想要的东西实在太多，恐怕亿万身价，也不能满足你自己。

20岁谋事 30岁成事

（3）不要让潇洒成为负担

"先消费，后还款。"许多银行推出多种信用卡，确实为一部分人解了燃眉之急。然而，在这种超前消费的背后，许多人没有意识到自己是否具备相应的还款能力，以致收到账单时才认识到理性消费的必要性。

小黄因为刷卡买了个新潮的手机，信用卡透支了2000多块，而当月的工资还没发下来，只好先找朋友凑一下。她向朋友诉苦，办卡的时候只听到如何方便，没有考虑后期的还款压力；刷卡的时候只觉得很潇洒，没有思量花了多少钱。直到账单寄来，才发现自己已是债台高筑。

花明天的钱圆今天的梦，听起来很有气魄，然而这种超前消费会在一定程度上促使年轻人滋生虚荣攀比心理和形成不良消费习惯，超越自身的还款能力，使自己陷入捉襟见肘的窘境。

正确利用信用卡需学会理性消费。特别是经济能力欠强的年轻人，在用信用卡消费时一定要慎重。如果没有偿还能力，千万不要透支，否则，会增加负担。只有理性消费，才能避免不良现象发生。

（4）不要让债务缠住你的一生

现在社会进入信贷消费，很多人因贷款买汽车，买房而负债。负债严重的人成为房奴、车奴、卡奴。青年人不能过分依赖信用卡。因为有了卡，会造成一种无感觉的消费；你花钱的时候就会知道，比如你数五张票子给人家，和刷卡的感觉是不一样的。刷卡不像花自己的钱，会使人在不知不觉中多花钱。

超前消费无可厚非，但不可过度，特别是二十几岁的年轻人，超前消费更要谨慎，不要让自己年纪轻轻就背负一屁股债务。

作为二十几岁的年轻人，一定改掉不良消费习惯和生活方式。不能寅吃卯粮，要量入为出；扔掉手中多余的信用卡，一张以上为多余，它不是钱，是债。摆脱负债，一身轻松！

11.二十几岁,要正确看待金钱

古时候有一个商人,生意做得红火,长年财源滚滚,虽然请了好几名账房先生,但总账还是他自己算,钱的进出又多,他天天从早打算盘熬到深更半夜,累得腰酸背痛、头昏眼花,夜晚上床后又想到明天的生意,一想到白花花的银子又兴奋激动。这样,白天忙,夜晚又兴奋得睡不着觉,便患了严重的失眠症。老头隔壁靠做豆腐为生的小两口,每天清早起来磨豆浆、做豆腐,说说笑笑,快活,甜蜜。墙这边的富老头在床上翻来覆去,叹息,对这对穷夫妻又美慕又妒忌。他太太说:"老爷,我们这么多银子有什么用,整天又累又担心,还不如隔壁那对穷夫妻活得开心。"

老头早就认识到自己还不如穷邻居生活得轻松洒脱,等太太话一落音便说:"他们是穷才这样开心,富起来他们就不能了,很快我就让他们笑不起来。"说着,翻下床从钱柜里抓了几把金子和银子,扔到邻居豆腐房的院子里。

这对夫妻正边唱边做豆腐,突然听到院子里"扑通扑通"地响,提灯一照,只见是闪亮的金子和白花花的银子。连忙放下豆子,慌手慌脚地把金银捡回来,心情紧张极了。不知把这些财富藏在哪里好,藏在房里怕不保险,藏在院里怕不安全。从此,再也听不到他们说笑,更听不见他们唱歌。邻居富老头和他太太开玩笑说:"你看他们再也笑不起来,唱不起来了吧?早该让他们尝尝富有的滋味。"

故事里富人把钱看得太重,在不停的追逐中感受不到快乐。那对穷人夫妇也因意外的不义之财寝食难安,飞来的巨款让他们贫寒的心无法适应。还是那句老话,钱不是万能的,但是没有钱是万万不行的。必须要正确看待金钱。

很多人都把金钱当做自己一生梦想的全部，以为钱赚得越多就越成功，有钱的是大爷，没钱的是孙子，事实上，是把金钱当做了自己的主人。被金钱所奴役的，不计一切手段去赚钱，最后又用毁坏健康的方法去花钱。

当然，还有很少一部分人自命清高，认为金钱是罪恶的源头，这些人不会赚钱，也不会花钱，被自己所谓高尚价值观约束，这样的人已经不属于这个现实的世界了。

二十几岁，该如何对待金钱呢？

刚刚走上社会的年轻人出于生计不得不去拼命地赚钱，虽然很苦很累，但这是生存需要，不能说成为金钱的奴隶。等你有了一些积蓄，发现不能满足自己日益增长的需求的时候，就利用手中的钱，去获取更多的赚钱机会，但只能把钱花在基本投入上，让钱得到充分利用。

现在有些人，有钱就到处炫富，把钱看做是自己的主人。认为这个世界上钱就是一切，其他事情都与自己无关。日思梦想全是钱，贪得无厌，处心积虑地捞钱。

也有一些年轻人认为钱就是快乐享受的保障，来得容易花得也快，实际上钱对他们来说是灾祸的根苗，一旦没钱，就会陷入僵局。

二十几岁的人该把钱当做自己的主人，还是把钱当做工具呢？

其实，应该明白，金钱只是一种交易工具，金钱的出现只是为人服务的，不能被它奴役。很可惜，很多人不明白这个道理，甘心情愿地去当钱的奴仆，为了金钱无视法律，藐视道德，做出一些违背良心的事。

如果主人与奴仆颠倒了位置，恶奴就会胆大包天干出许多坏事：因此二十几岁的人一定要认清金钱的面目，找准自己的位置，让金钱成为人的奴仆，多做一些对自己、对别人有意义的事，实现自我价值。

上流地主泼留希金，拥有的财富数不胜数，却任凭金钱在地窖里霉烂，直至"连他自己也竟成人的灰堆了"。"葛朗台抢夺自己女儿的嫁妆，身子一纵，扑上梳妆匣，好似一头老虎扑上一个睡着的婴儿"。集万贯家财于一身的严监生，临死之前，仅仅是因为点了两根灯芯而耿耿于怀。这些人竭尽全力追求金钱、占有金钱，却连他们自己都不清楚，霸占着一堆金子有何意义！

二十几岁，只有把金钱当做为你所用的工具，才是一个有钱人的正确态度。事实告诉我们，凡是能够谨慎保护财富，科学合理地进行投资的人，财富就会牢牢地攥在他的手里。

12.君子爱财，取之有道

谈理财，理的是靠着自己辛苦赚来的钱，而不是不义之财。不义之财来得容易，但是会让你晚上睡不着觉，提心吊胆，惶惶不可终日。

某日，张三去朋友的父母家帮忙，看见朋友父母家摆设着各种各样的古玩花瓶，他估计大都是赝品。

无意中，张三从李四口中得知，朋友的父亲是位古玩收藏者，而且家中藏了不少珍品。

张三动了坏心。

张三是开锁能手，几次盯梢后知道了朋友父母的出入习惯。

终于在一个黄昏，张三下手了，偷走了几个容易携带的花瓶，还有一些现金。

在一个古玩交易市场他以高价卖掉了偷来的东西，成了富翁，那一刻他莫名地兴奋。他觉得自己做得天衣无缝，所以他潇洒地过着日子,开心地交着女朋友。但每当夜晚来临,张三总会莫名地恐慌,耳边总会隐隐响起呼啸的警笛声。

天网恢恢,疏而不漏。在"潇洒"、挥霍了一年之后。二十出头的他,终于走进了大牢。是那些不义之财葬送了这个原本有些能力的年轻人的前途。

君子爱财,取之有道。勤劳致富,靠的是辛劳,值得称道;科技致富,靠的是智力,令人仰慕;立功致富(如奥运会金牌得主获得重奖),靠的是顽强的拼搏,可喜可贺。阿·扬格说过:"发财有术,能叫沙子变金子。"每个人有不同的爱好、专业和特长,致富就可有不同的"道"。如果没有创造力,只是人云亦云,是不会有大发展的。事实上,金钱无所谓好坏,关键要看你的财富是通过什么样的途径得到的。

这是一家小小的杂货店,时间是1887年。一个年约60多岁,外表高贵的绅士前来杂货店买东西,女营业员把手弄得湿湿的,在接过20美元纸币时,注意到纸钞上掉色的墨汁落到她的手上。

她感到震惊,并且停下来考虑怎么办才好。她内心里斗争了一阵,就做出决定。这位顾客是爱曼纽·宁格,一位老朋友、邻居。他应该不会给她伪钞,所以她就找钱让他离开了。

1887年,20美元是一笔很大的钱。她把钱拿去给警方鉴定。有一位警察肯定这并非伪钞。其他的警察则对墨水为什么会被擦掉感到困惑。在好奇心和责任感的驱使下,他们搜查了宁格先生的家,在他的阁楼里发现了印制20美元钞票的设备。事实上,他们发现了一张正在印制的20美元钞票,还发现了三张宁格先生画的肖像画。

宁格先生是一位优秀艺术家,造诣颇深,能用手绘制20美元伪钞。他一笔一画,画出这种能蒙过大多数人的伪钞,直到他运气不好,才被那位杂货店店员的湿手所识破,露出了马脚。

被捕后,他的那三张肖像画公开拍卖,得款16000美元。值得讽刺的是,宁格先生用来画一张20美元伪钞所花的时间跟画一张

5000 美元的肖像所需的时间几乎是相同的。然而不管怎么说，这位聪明而又有天分的人却是一个小偷。可悲的是，受害最深的人正是宁格先生本人。

　　如果他能合法地运用他的能力，不仅会变成很有钱的人，而且会为他的同胞带来喜悦与利益。当他试图去偷窃别人时，最大的失主却是他自己。

　　作为二十几岁的年轻人，我们在追求财富的时候要记住：获取财富要通过正当途径，要心安理得。

第八章
20 岁努力学和做，30 岁受用不尽

　　二十几岁的人，有充沛的精力，灵活的头脑。要想有所作为，就要学习知识。掌握了知识就掌握了自己的命运。同时，做好工作，脚踏实地，才能取得受用一生的成功。

1.投资学习就是投资未来

有一次，英国《泰晤士报》的一名记者采访"股神"巴菲特。记者问："在您至今所进行的投资中，哪一项收益最高？"巴菲特想了想，从抽屉里拿出一个发黄的笔记本："嗯，就是这个。"记者惊讶道："您不是跟我开玩笑吧？"巴菲特严肃地说："这不是开玩笑，这是我最珍贵的财富。虽然这个笔记本的价格只有 0.5 美元。"

记者满头雾水，小心翼翼地打开笔记本才发现，这个笔记本上全是巴菲特记录的一些学习体会、读书感想及一些突然闪现的投资想法。"这可真是一笔巨大的财富啊！"记者不由得发出赞叹。巴菲特笑着说："不要小看这些记录，事实上，这笔财富创造的物质财富以及它本身仍在不断地增值。因此，这就是我一生中最成功最漂亮的投资。"

巴菲特所说的最成功最漂亮的投资，其实就是指学习。作为二十几岁的年轻人，处在人生的黄金期，更需要不断地学习，总结经验，充实自己的头脑，增长自己的学问。

看过《杜拉拉升职记》的朋友们，都应该知道，拉拉就是一个热爱学习的人，在工作中懂得学习。一个人在职场待久了，一切都会变得平淡无味，公司发展平稳、同事相处融洽、职位薪资比上不足比下有余，算是过得去吧。此时，还能够令自己产生兴趣和热情的事情也为数不多了。但是年轻人切不能在职场"安于现状"。职业发展到了稳定期，其实是给职业生涯的人们敲响了红色警钟，无论是自己的专业,还是实践经验上都恰恰需要开始充电。这种充电式的学习,不断吸收知识养分,锻炼自己的学习能力。让自己随时处在学习的状态中,将会在日后的职业生涯中面对突如其来的挫折时更从容。

二十几岁的年轻人,不是超人。要想适应竞争激烈的社会,需要不断补充自己的能量,有能量才能有保障。我们需要每天都进步,每天都成长。每天进步一点点,事业、财富的保障就多一点,成功的概率也就多一点。

2.用知识充实自己

巧珍在一家针织厂工作,针织厂倒闭,她下岗了。她是朝鲜族人,22岁,她花两年时间苦读朝鲜语,领到了国家承认的专业文凭。她被一家中韩合资企业聘为翻译。重新工作的她,尝过下岗的苦涩滋味,因此工作很卖力气,月薪也比在针织厂时高出好几倍。

工作中,常有些日本客户来谈项目,日语她懂几句,但很不成样。她就暗下决心,研读日语,陪客户时向客户学习,工作之余用MP3学习,节假日去外语学院学习。这样经过3年的努力,她的日语口语已经达到一定的水平。后来,她又跳槽到大连市一家中日合资企业,收入颇丰。现在,巧珍在这家企业已经成了年轻的管理人员。

我们再看生活中的有些年轻人,宁愿花很多钱去修饰自己的外貌,却很少注意充实自己的头脑。

成功的人是积极的。他们定期地以积极的态度充实自己的心灵。

有人说:过去的时代是资本时代,由资本决定社会的发展;而现在是知识时代,知识就是资本。知识经济时代,需要我们改变观念,掌握知识，依靠知识创造财富，终生学习已成为这个时代的主旋律，也成为每个人的主要生活内容。

企业的竞争，说到底是人才的竞争、素质的竞争。学不到新知识，就失去了竞争力。要提高自己的生存竞争力，就不要放过知识的学习。

作为二十几岁的年轻人，千万不要以为自己掌握的知识已经足够用一辈子了。在这个信息时代，每个人都需要终生学习。只有终生学习，不断接受新知识，才能适应社会的发展，走向成功。

3.学无止境

徒弟自以为已经参透了全部佛学，禅师就让徒弟装一坛石子，徒弟照办了。禅师问徒弟："装满了吗？"徒弟说："装满了。"禅师拿些细沙顺石缝倒满后又问徒弟："这回满了吗？" 徒弟说："这回真满了。"禅师又取些水倒进去，满了后问徒弟："现在满了吗？"徒弟说："真的满了。"禅师又将一些干土放进去，吸水后又放进好多，禅师又问："这次真的满了吗？"徒弟不敢回答了。禅师语重心长地对徒弟说："我还可以倒些水进去，它可能在今天真的很满，可过几天你再来看，它会空下去很多。因此为师想告诉你，它永远都不会满。做学问也是一样，学习是没有尽头的……"徒弟大悟。

这个小故事虽然老掉牙了，但内涵值得深思。现在社会竞争相当激烈，年轻人走出校门，就要为生计奔波，任何自满情绪都可能是导致失败的因素。很多年轻人踏上工作岗位，就放下了课本，放弃了学习。

广告公司的业务代表小赵不喜欢看书。"不就是拉广告客户吗？

谈就是了,有什么好学的?""这点小事,谁做都一样。"因此,工作很辛苦,谈了不少客户,业绩却不好。

9月底的一天,经理把小赵叫到办公室,给了他一张纸和两本书,让他好好看看书,好好思考纸上的几个问题。经理告诉小赵,如果下个季度的业绩还是老样子,明年就不要继续做了。

小赵不敢掉以轻心,开始认真读书,思考以前一直不在意的问题,不再说这些问题"太空洞""理论化""没有用"了。渐渐地,他有了拨开云雾见青天的感觉,以前感到迷茫的一些问题开始有了答案,对如何谈项目、如何应对客户的一些问题不再感到不知所措……很快,效果显现了。第四季度,小赵谈成了几个项目,业绩比前三个季度明显提高。收入提升了不少不说,还受到了上司表扬。被辞退的危险自然消失了。

此后小赵变了,开始看专业书籍和杂志,也经常上网浏览市场营销、广告业等方面的内容。一年多以后,因为专业知识丰富,业务技能水平高,被经理提拔为经理助理。不过,小赵没有因为升职了就停下来,他知道了学习的价值,更知道学无止境,值得学的东西还有很多很多。

就像小赵后来明白的那样,值得学的东西还有很多很多。不管你的学历如何,生活状态如何,做什么工作,只要有心学习就有很多东西值得你去学。

在这个世界上,谁都在为自己的成功拼搏,都想站在成功的巅峰上。但很多的实例证明,成功的路只有一条,那就是学习,而且成功者认为,根本没有捷径,只有这条向远方延伸的路。

作为二十几岁的年轻人要明白:一切东西都可以满足,金钱,住房,美食,享乐……只有读书和学习不可以满足。无论你在找工作还是有工作,无论你在哪个行业做什么工作,无论你多么辛苦、多么烦恼,也不能停止学习。

4.二十几岁,学精一样技能

"渔夫的一生就是一根钓竿。"人,最重要的是能学精一样技能。俗话讲"术业有专攻",无论从事什么职业,如果能集中精力把它学专、做精,就能成为这一领域的行家里手。

张果喜,一个仅有初中文化的普通木匠,经过多年努力,竟成为中国内地第一个亿万富翁,首位获得小行星命名荣誉的企业家。当年的张果喜靠 1400 元下海,在上海艺术雕刻品一厂学会了生产雕刻樟木箱。有了这一手艺,在广交会拿到订单,20 个樟木箱,赚了一万多元。凭借这第一桶金和精湛的工艺,把事业越做越大。

1980 年,陈逸飞怀揣 38 美元到美国留学。为了生计,他先是替博物馆修画,报酬是每小时 3 美金。因为画技出众,很快就进入哈默画廊举办个人画展。当听到有人出价每张画 3000 美金时,陈逸飞说:"我一下觉得中了头彩,仿佛天上掉了馅饼下来。"凭着一支画笔,陈逸飞一步步成为闻名海内外的华人画家,开始创立自己的事业。他创建的逸飞集团已经发展成为一个集服装、广告、杂志、模特、环境艺术等多功能的视觉产业集团公司。

三百六十行,行行出状元。任何一种技艺都有它的用处,只要把它学到手,练到家,练成独门绝活,就一定可以借此驰骋职场、笑傲人生。

庖丁解牛的故事我们都听过。一个厨房的伙计,因为擅长宰牛深得梁惠王的赏识。那个叫丁的厨子,要是在现代恐怕最差也是中国大饭店里的一级大厨吧。谁又会因为他只是一个宰牛的屠夫而对他嗤之以鼻呢?

环顾周围的世界,不难发现许多生存的技能:烹饪、理发、园艺、茶艺、钳工、服装设计……不要小瞧这些技能,尽管这些技能并不复杂,却养活了许多人,许多人甚至凭借这些技能走上了人生的辉煌。

前段时间,中央电视台二套节目播出一个"满汉全席"的比赛节目。能够参加这个节目的都是全国各地最出色的厨师,他们每个人的年薪都在百万元以上,谁会在意他们只是一个做饭的厨师呢?

作为年轻人,不要总是想着做体面工作和风光无限的大事业,在不能保障生存的条件下,想那些事情是毫无意义的。我们首先想的应该是学到一门拾遗补缺的看家技能,把它做精做细,在行业内树立了自己的旗帜,然后再图大的作为。

在二十几岁的时候,没有一门手艺还有情可原,因为还年轻,还可以通过学习充实自己、改变自己。但到了30岁依然两手空空、一无是处,就真该为自己的前途担忧了。

5.工作中何来小事

东汉时有一少年陈蕃,自命不凡,一心只想干大事业。一天,他的好友薛勤来访,见他独居的院内龌龊不堪,便对他说:"孺子何不洒扫以待宾客?"他答道:"大丈夫处世,当扫天下,安事一屋?"薛勤当即反问:"一屋不扫,何以扫天下?"陈蕃无言以对。

陈蕃欲"扫天下"的大志固然不错,但错的是他没有意识到"扫天下"正是从"扫一屋"开始的,不"扫一屋"是断然不能"扫天下"的。

凡事总是有个由小到大的过程,日积月累,聚沙成塔,集腋成裘。任何事物都有它的初始和步骤,要"扫天下",成就一番大业,就必须从"扫一屋"开始,从身边的小事做起。

对于二十几岁的年轻人而言，工作中的事情好像下棋一样，整盘棋是一件大事，而棋盘上每一步就是工作中的每一件小事，每走一步棋都关系着整盘棋的命运。工作中所做的每一件事情也是同样的道理，毕竟公司里的大事情，就是由这些小事情点滴地积累才做成的。

比如，士兵每天的工作就是训练、站岗、巡逻，而在最关键的时候才能担起保家卫国的重任；一名服务员的工作就是微笑、热情招待顾客，打扫房间，正是她们这些小事，才为酒店带来了火红的生意；一位农民的工作就是种田、除草、收割这些事情，最后才得到了累累硕果。世界上任何工作都没有贵贱之分，只是它们的分工不同而已。也许每个人每天都重复做着同样的小事，但是，绝不能对此感到厌烦，因为，工作中无小事。

在实际的工作中，无论你是多么有能力，多么优秀的人才，工作初期都会做一些琐碎的小事。因为没有哪一个老板会在没有充分了解你的工作能力之时，就委以你重任。只有通过公司中的一些小事情，才能体现出一个人的职业品格。能把每一件小事做好的员工，一定是一个高度敬业，责任心和执行力很强的员工。所以，在工作中千万不要"大事做不了，小事不愿做"而整天浑浑噩噩地耗时间，那样会使自己一事无成。要认真地做好经过自己手里的每一件小事，在这些小事中让自己不断地成长，积累更多、更丰富的工作经验，增长自己的智慧和才干。大事是由许多件小事组成的，而忽略了小事就难成大事。高敏的故事就是一个很好的证明。

高敏毕业于一所名牌大学的外语系，一心想进入大型的外资企业，无奈竞争激烈，最后只能到一家成立不久的小公司"栖身"。心高气傲的她根本就没有把这家小公司放在眼里，她看这里的一切都觉得不顺眼——不修边幅的老板、不完善的管理制度、狭小的办公室、穿着土气的同事……而她梦想的是穿高雅的职业装，坐在豪华气派的办公室里。现实环境与自己的梦想相差太远了。

领导每次交给她任务，她就会嘟囔："又是整理文件，这样的小事怎么让我这个外语系的高才生来做呢？""这么简单的英文说明书，还用我翻译？"她每天都是牢骚满腹，慨叹在这样一个小公司里待着简直是浪费青春。

她试用期未满，就被辞退了。老板对她说："虽然我们认为你是个人才，但是通过你的工作态度看得出来，你嫌这个公司太小，既然如此，那就请你另谋高就吧。"

工作中没有小事，一个小事都做不好的人，又怎么能做成大事呢？树立远大的理想固然有利于自身的成长，但是不能忽视工作中的那些琐碎的小事。

对于二十几岁的年轻人来说，选择了工作就选择了责任，它不仅仅是赚钱的手段，更是进步的阶梯。在工作中要注重每一个细节，尽可能把它做完美。一个能把小事当做自己工作的员工，体现的不只是他对工作的态度，也是他对生活的态度。只有在小事上愿意下工夫的人，才能学到比别人更多的知识，才能将自己的才华和智慧在大事到来的时候展现出来，走上成功的道路。

6.集中精力做好一件事

有一只身材修长的兔子，天生喜欢跳远。森林王国要举行首届运动会，兔子闻听后，就乐呵呵地报名参加跳远的项目。比赛中，兔子击败了鸡、鸭、鹅、小狗、小猪等，夺得了"跳远冠军"。

后来，一只老狗对兔子说："可爱的兔子，你的天资、体力这么好，却只得到跳远一项金牌，实在太可惜了。你只要好好努力练习，还可以得到更多的金牌！"

"真的吗？你觉得我真的可以吗？"兔子受宠若惊。

"没错！我可以教你跑百米、游泳、举重、跳高、推铅球、马拉松……只要你好好跟我学，就一定没问题！"老狗说。

在老狗的怂恿下，兔子开始了夺得多项冠军的努力。他白天练习跑百米，早晚下水游泳，游累了就上岸练举重；隔天，跑完百米，赶快再练跳高，甚至练习撑杆跳，接着，又推铅球，跑马拉松……

第二届运动大会到来了，兔子报了很多项目，可是它跑百米、游泳、举重、跳高、推铅球、马拉松……没有一项入围，连最拿手的跳远也明显退步，初赛就被淘汰了。

兔子练习各项运动不可谓不努力，时间不可谓不长，但就是成效不大，原因就是他的精力没有得到有效的集中，觉得自己既可以做这个，又可以做那个，到头来，一样都没有做好。其实，兔子拿到的"跳远冠军"，就是专注跳远领域的"顶尖成就"，何必还要去跑百米、游泳、跳高、举重、推铅球、跑马拉松……精力分散怎么能拿第一名呢？

事实上，成就非凡的人，无不是集中精力取得成功的。

公元前300多年，雅典有个叫台摩斯顿的人，年轻时立志做一个演说家。于是，四处拜师，学习演说。为了练好演说，他建造了一间地下室，每天在那里练嗓音；为了迫使自己不外出郊游，一心训练，他把头发剪一半留一半；为了克服口吃、发音困难的缺陷，他口中衔着石子朗诵长诗；为了矫正身体某些不适当的动作，他坐在利剑下；为了修正自己的面部表情，他对着镜子演讲。经过苦练，他终于成为当时"伟大的演说家"。

年轻的时候，可能会对很多事情都感兴趣，但人一生的精力有限，很难在各个领域都有所建树。歌德这样劝告他的学生："一个人不能骑两匹马，骑上这匹，就要丢掉那匹，聪明人会把凡是分散精力的要求置之度外，只专心致志地学一门，学一门就要把它学好。"

曾有个年轻人向昆虫学家法布尔求教："我花了很多时间在我爱

好的事业上,可是一直毫无建树,这是为什么呢?"

法布尔安慰他说:"没有关系,我相信你是一个有理想并最终会成功的青年。"

这个年轻人说:"是啊!我的爱好广泛,我喜欢自然科学,对文学也有兴趣,在艺术上也很有造诣,可以说,所有的领域我都有涉猎。"

法布尔听后,皱起眉头,递给年轻人一个放大镜,说:"年轻人,你必须像这把放大镜一样,把你的精力集中到一个焦点上,否则,你不会成功的。"

法布尔的话很值得深思。我们知道,激光高度聚焦,专攻一点,所以能量巨大,作用特殊;而普通光光线四射,能量分散,所以作用平常。

作为二十几岁的年轻人,只有集中精力做好一件事情,才能在这件事情上比其他人做得出色,取得成功。

7.脚踏实地,不抱怨

刘振大学毕业后没能留在大城市,被分配到了一个偏远的林区小镇当教师,工资低得可怜。他一边抱怨命运不济,一边羡慕那些拥有体面的工作、拿优厚薪水的昔日同窗。整天琢磨着跳槽,幻想着有机会换一个好工作,也拿一份优厚的报酬。

转眼两年过去了,刘振的工作干得一塌糊涂。这期间,刘振试着联系了几个自己喜欢的单位,但没有一个接纳他。

然而,后来发生的一件小事,让刘振改变了想法。那天学校开运动会,这在文化活动极其贫乏的小镇,是件大事,前来观看的人特别多,在小小的操场四周很快围成一道密不透风的人墙。

　　刘振来得较晚，只能站在人墙后面，踮起脚看里面热闹的情景。这时，身旁一个很矮的小男孩吸引了他的视线。小男孩凭自己的身高是看不到里面的，但他看到不远处有一堆砖，就跑过去，一块块地搬过来，在那厚厚的人墙后面，垒了一个台子，足有半米多高。然后他登上台望向操场，他笑了，笑容里有成功的喜悦，也有自豪和骄傲！

　　刘振看着男孩脚下的台子，心里忽然一震，多么简单的事情啊：要想越过密密的人墙看到精彩的比赛，只要在脚下多垫些砖头就行了。而自己为什么不能在脚底下垫几块砖头，垒起自己的优势呢？

　　刘振豁然开朗，他开始脚踏实地地工作，再也没有抱怨过。很快，他便成了远近闻名的教学能手，各种令人羡慕的荣誉纷纷落到他头上。不久，就有好几家不错的中学争着聘请他。

　　看看现在身边的年轻人，很多人总在愤愤抱怨生活的不公平，抱怨没有展示自己才华的机会。

　　一位新员工说："工作太累了，但是工资才这么点……"

　　一位资深职员说："我那么拼命地工作，但上司还是不赏识我，我越干越没信心了。"

　　一位部门主管说："客户太难缠了，而且其他部门的人一点都不配合我，我的工作没法开展……。"

　　……

　　但是作为二十几岁的年轻人，应该冷静地思考一下，专心地做好本职工作和热爱的事情，脚踏实地地做好每一件事情，或许结果并不那么的美满，但坚持下去，一定会有机会。

　　我们再来看一个小故事。

　　阿城和阿进是大学同学，毕业后，两人都进了规模不大的公司。由于各自的单位距离很远，直到毕业后的第五年，他们才再度重逢。见了面，两个人自然聊起了分别后的工作经历。

　　谈起自己的工作，阿城的语气有些失落："时运不济啊！本来单位就不景气,加上专业又不对口,干活提不起一点兴趣,实在没有什么意思。干了不到半年,我就换了一家,还是没多大意思。我现在的单位已经是第七家了。哦,老同学,你发展的如何呀?"

阿进淡淡地说:"你也知道,我的单位不大,说实话,一开始,我也不太喜欢这份工作。不过,我觉得,既然能找到这份工作,就要好好珍惜,力争把它干好。上班干好自己的活;下了班就给自己充充电,补补业务知识。工作起来反而越来越有劲了。半年后,领导就把我提为部门主管。现在,我们公司已经是一家大型集团公司了,我是我们集团分公司的经理。"

听了阿进的经历,阿城有些惭愧。他现在明白了:原来,所有的问题并不是工作本身的问题,而是对待工作的态度有问题。阿进对待工作能脚踏实地,不抱怨,而自己对待工作却是态度浮漂,好像蜻蜓点水,很少能专注于工作,因此,干什么工作都长久不了,也做不出多大的成绩。

柏拉图说:"人的生活必须要有伟大理想的指引,但是仅有伟大的理想而不愿意脚踏实地,一步一个脚印地朝着理想奋进,也就不可能拥有完美的生活。"作为二十几岁的年轻人,不要怨天尤人,也不要埋怨时运不佳,不管做什么事情,只有脚踏实地,才能谋求人生发展的优势。

8.做个不断进取的人

进取心是根除堕落倾向的最佳方法。进取心可以激发出一个人与命运抗争的力量,是取得成功和创造卓越的动力。对于二十几岁的年轻人来说,有一颗进取心就更重要了。

　　世界上有很多人一辈子一事无成，原因就是他们太不思进取了！找到一份稳定的工作，终其一生每天总做着同样的事情，一直到死。而他们竟以为人的一生所能获得的也只能有这么多了。

　　门捷列夫是俄国著名的化学家，他 18 岁时患了肺结核。在接受治疗的同时，他仍然坚持学习，并以优异成绩从高等师范学校毕业。患病后，医生曾预言他最多只能再活 8～10 个月，然而，他却以惊人的毅力战胜了病魔，活到了 73 岁。他在化学领域里从事了长达 50 年的研究，发现了举世闻名的元素周期律，这些成绩的取得与他对化学的浓厚兴趣以及强烈进取心是分不开的。

　　人们经常说，人生中最重要的只有几步。有强烈进取心的人会抓住每一个有利的机会，让自己得到最快最大的进步。

　　美国著名黑人领袖马丁·路德·金说："世界上成功的每一件事都是抱着希望做成的。"人的进取心越大，达到目标的时间就会越短，就像弓被拉得越满，箭就飞得越快越远一样。有了强烈的进取心，以及高远明确的目标，再加上坚强的意志，就一定会取得成功。

　　当年，爱迪生、斯旺以及许多科学家在同一时期研究电灯。当时电灯的原理已经非常清楚了：要把一根通电后能够发光的材料放在真空的玻璃泡里。他们都在解决一些具体问题，比如，如何让发光材料更轻便、成本更低、寿命更长。其中的焦点，就是发光材料的寿命。

　　爱迪生全力以赴地投入研究。有记者对他说："如果你真能让电灯取代了煤气灯，那可要发大财了。"爱迪生却说："我的目的不在于赚钱，我只想跟别人争个先后，他们已经抢先开始研究了，现在我必须追上他们，我相信我能。"

　　当时，爱迪生已经声名显赫。当他宣布可以把电流分散到千家万户时，导致煤气股票暴跌 12%。爱迪生是冷静的，在设想成为现实之前，他都像小时候在火车上做实验一样踏踏实实地工作。虽然他是一个改进了电话、发明了留声机、创造了不计其数的小奇迹的著名"魔术师"，但他却是这样的人，一旦取得了成果就立刻把它忘掉，然后转向下一个目标。

关于发光材料灯丝，爱迪生尝试过炭化的纸、玉米须、棉线、木材和稻草纤维、麻、马鬃、胡子、头发、铝和铂丝等，达 1600 多种。那段时间，全世界都在等着他的电灯。

经过一年多的艰苦研究，爱迪生终于找到了能够持续发光 45 小时的灯丝，在 45 小时中，他和他的助手们一直盯着那盏灯，直到灯丝烧断。爱迪生说："如果它能坚持 45 小时，过一段时间我就要让它坚持 100 小时。"

两个月后，灯丝已经能连续发光 170 小时了。随后，《先驱报》报道了爱迪生的成果："伟大的发明家用 15 个月的血汗，成就了电力照明的胜利！""不用煤气，不出火焰，比油便宜，却光芒四射。"……新年前夕，爱迪生把 40 盏灯挂在大街上，很多人专门来看这个说亮就亮、说灭就灭的发光奇迹。有一位老者说："看起来是挺漂亮的，可我不明白这些烧红的发卡是怎么装到玻璃瓶子里去的？"大街上，"爱迪生万岁"的欢呼声此起彼伏。但是，爱迪生的讲演再次让人们惊讶："这项发明还在研究中，只要灯泡的寿命还没有达到 600 小时，就不算成功。"

从那以后，伴着源源不断的祝贺信、电报、礼物以及铺天盖地的新闻，爱迪生专心致志地改进灯泡，向 600 小时的目标迈进。结果，灯泡的寿命竟然达到了 1589 小时。

二十几岁的你做个不断进取的人吧！进取心是人生不竭的动力。一个人只有满怀进取心，才会不畏困难，不轻言失败，才会信心百倍地朝着既定目标迈进，走向成功。一个人的进取心越强烈，成功的可能性就越大；没有进取心，就不可能获得成功。

第九章
20 岁抓住机遇，30 岁品尝胜利

　　机遇是易逝的，机遇来临时要抓住，抓紧，切莫坐失良机。时不我待，有道是，机会从来都是给那些有思想准备的人准备的。没有观察力、判断力的人，就没有办法发现机遇，没有知识、能力的人，发现了机遇也没有办法抓住机遇。二十几岁，正是人生最璀璨的年华，机遇就好比是此刻迈向前方道路上的粒粒珍珠，谁抓住了它，谁就最先拥有了通向成功之门的钥匙。

1.机遇足以成就命运

　　人生得失常在于机遇的得失,抓住了机遇,利用好它,人的命运就会改变;忽视它、远离它,就可能一生都碌碌无为。一份朝九晚五的工作,一点羞于启齿的薪水,还常将"知足者常乐"的名言挂在嘴边,难道你真的甘愿如此吗? 如果是,那么可以说你活的很洒脱,但机遇就会与你擦肩而过,成功也只能是美好的神话。

　　几年前的一天,一个中国青年到韩国旅游。受朋友之托,在韩国一家超市买了四大袋30斤左右的泡菜。回旅馆的路上,身材魁梧的他渐渐感到手中的塑料袋越来越重,勒得手疼。他想把袋子扛在肩上,又怕弄脏新买的西装。正当他为难之际,看到了街道两边茂盛的绿化树,顿时计上心来。

　　年轻人放下袋子,在路边的绿化树上折了一根树枝。准备当做提手来拎沉重的泡菜袋子。不料,被迎面走来的韩国警察逮了个正着。他因损坏树木,破坏环境,被罚了50美元。

　　50美元相当于差不多400元人民币,这在国内,能买大半车的泡菜! 他当时心疼得直跺脚。几欲争辩,无奈交流困难,只好认罚。

　　交完罚款,他一肚子憋屈。除了舍不得那50美元,更觉得自己让韩国警察罚了款,是给中国人丢了脸。越想越窝囊,他干脆放下袋子,坐在路边的一个花坛边。

　　他看着眼前来来往往的人流,发现路人中也有不少人和他一样:气喘吁吁地拎着大大小小的袋子,匆忙地赶着路,手掌都被勒得发紫了。有的人坚持不住，还停下来揉手或搓手。他们吃力的样子竟让他觉得有点好笑。

　　为什么不想办法搞个既方便又不勒手的提手来拎东西呢？想到此，他精神为之一振。

　　回国后，他不断想起在韩国被罚 50 美金的事和那些提着沉重袋子的路人，发明一种方便提手的念头越来越强烈。于是，他干脆放下手头的活，一头扎进了方便提手的研制中。根据人的手形，他反复设计了几种提手，为了试验它们的抗拉力，先后采用了铁、木、塑料等材料。然而，总是达不到预期的效果。他几乎丧失信心了。但一想到在韩国那令人汗颜的 50 美元罚款，他又充满了斗志。

　　几经周折，产品做出来了，他请左邻右舍试用。这不起眼的小东西竟一下子得到邻居们的青睐。有了它，买米买菜多提几个袋子也不勒手了。后来，他又把提手拿到当地的集市上推销。但看的人多，买的人却少。

　　这怎么成呢？他急得直挠头。这时候妻子提醒他，把提手免费赠给那些拎着重物的人使用。别说，这招还真奏效。所谓眼见为实，小提手的优点一下子就体现出来了。一时间，大街小巷到处有人打听提手的出处。

　　小提手出名了，增加了他将这种产品推向市场的信心。但是，他没有忘记自己发明的最终目标市场是韩国。他很快申请了发明专利。接着，为了能让方便提手顺利打进韩国市场，他决定先了解韩国消费者对日常用品的消费心理。

　　经过调查发现，韩国人对色彩及形式十分挑剔，处处讲究包装。只要包装精美，做工精良，价格是其次的。于是他决定投其所好，针对提手的颜色进行多样改造，增强视觉效果。又不惜重金聘请了专业包装设计师，对提手按国际化标准进行包装。对于他如此大规模的投资，有不少人投以怀疑的眼光，不相信这个小玩意儿能搞出什么名堂，可他坚信自己的这个小发明。

功夫不负有心人,经过前期大量市场调研和商业运作。一周后,他接到了韩国一家大型超市的订单。以每只 0.25 美元的价格一次性订购了 120 万只方便提手,那一刻他欣喜若狂。

这个靠简单的方便提手吸引韩国消费者的人叫韩振远。凭一个不起眼的灵感一下子从一个普通农民变成了百万富翁。而这个变化他用了不到一年的时间,而且仅仅是个开始。有人问他是如何成功的,他说是用 50 美元买一根树枝换来的,那根树枝就是他的机遇,让他迸发出灵感,完成了自己的发明。

一根树枝,不仅搅动了他的财富,而且改变了他的人生。要相信,机遇从不会戴着"有色眼镜"来看你是富有还是贫穷的。只要拿出"天生我材必有用"的自信,怀有"舍得一身剐,敢把皇帝拉下马"的豪情,让自己的成功欲"燃烧"起来,一定会书写命运的精彩。

2.20 岁时的机遇,价值连城

一个机遇,能扭转一个人的人生走向,机遇在成功中具有举足轻重的作用。有人总结出,人的成功取决于三大要素:天才、勤奋和机遇。其中,机遇更是万万不可缺少的。有的人才华过人,有的人勤奋肯干,可总与成功无缘,欠缺的就是机遇。而相当多的人能够成功,就是因为机遇来了。

没有多少文化,没有任何社会背景的他,中学毕业后,几乎注定了一辈子也要跟父亲一样过着贫苦的生活。但是,上天似乎很疼爱他,给了他一个不错的机会。

一天,他刚从稻田地里打完农药回来,在路上迎面开来了一辆面包车。车开到前面四五十米处突然熄火了。热心的他马上放下工具,走到车前，看自己能否提供一些帮助。

只见几个人从车上走下来，骂骂咧咧。

"这是个什么鬼地方？到处坑坑洼洼的，还得挨家挨户去收！"一个人说。

"可不是吗？再结实的车也经不起这么破的路面折腾啊！"司机模样的人一面检查一面搭腔。

"你们俩少说几句，老板要的就是这里的橘子！"另一个穿戴整齐，看起来像个小头头的人打断了他们的话。

在他们的对话中，年轻人了解到，这辆车是来收购橘子的。

又到了橘子成熟的季节，商人们开始收购橘子了。乡下的橘子并不值钱，很多到了成熟季节都没人摘而坏掉了，听说这些人转手到城里就能卖个好价钱，难怪这些收购者"不远千里"也要来收。

年轻人走上去，刚要跟他们说话，又听到司机说了一句："要是所有的橘子都长在一起就好了，免得折腾这么多的地方！又费时间又费油！推车吧！"

是啊，这样的小路根本就算不上路，平时很少有车开进来。加上下雨，道路泥泞，不陷进去才怪呢！

年轻人主动帮他们推车。车推上来后，那个小头头向他道谢后，给了他一张名片，对他说："要是你们家有橘子卖就跟我联系。"

他们走后，年轻人看着名片，想着司机说的那句话：要是所有的橘子都长在一起就好了，免得折腾这么多的地方，又费时间又费油！他觉得自己可以干点什么。

虽然自己家里没有多少橘子，但他可以把乡亲们的橘子集中在某一处，然后再统一卖给收购的人。这样可以节省收购者的时间和路上汽车的消耗，自己还可以赚一点劳力费。

他打听到乡亲们卖的橘子每公斤最多八毛钱；而这些橘子到了城里，每公斤至少要卖六元钱。

他想，如果自己把周围的橘子集中起来，找几家路好走乡亲家储存橘子,把路不好走的那些地方的橘子运到一起,然后联系收购者,每公斤加价两毛钱卖给收购者,能省掉他们很多麻烦。

年轻人照着名片上的电话联系了那个收购者,把自己的意思告诉了对方。对方觉得年轻人的主意不错,同意了他的价钱。

于是,年轻人开始在村里做起了收购橘子的"生意"。那些偏远,路不好走的地方的橘子,他用更低的价钱收购,叫上几个堂兄弟一起用板车运到自己家中,然后再卖给收购者。

当所有的橘子卖完时,年轻人挣了6千多元钱。这笔钱虽然不多,但相当于一个乡下人半年的收入,他非常兴奋,决定以后就走这条路了。

从此之后,年轻人走上了收购道路,最后成了乡里的"收购之王"。花生出来的时候,他收购花生;红薯出来的时候收购红薯⋯⋯紧接着,他的房子、妻子、车子也跟随他的生意而来。

看完这个故事,每个人都会感叹,这个年轻人运气真不错——要不是那次偶然遇到那个收购橘子的小车,他可能永远都是个靠种稻田为生的农民,但那次机会改变了他的命运。

对于二十几岁的年轻人来说,机会比财富更重要。因为一个好的机会,能让你比同龄人少奋斗几年,甚至十几年,好的机会是成功的捷径。

8岁学习跳舞,17岁考入"中戏",19岁出演张艺谋的电影,21岁凭《卧虎藏龙》一举成名,25岁已成为世界当红影星。这就是章子怡,机遇带给她意想不到的成功。

章子怡拍电影《我的父亲母亲》时还是一个默默无闻的学生,凭借此片她渐为人知,成了名闻天下的大明星。

当然,我们不否认能力和经验。但机遇对人一生的发展至关重要,对二十几岁的人,机遇更是价值连城。

机遇会改变人的一生。一个好的机遇可能会成为你人生的支点,帮助你劈波斩浪、乘风远航。当机会出现时,要善于利用,否则有机会也是无用的。正如西蒙所说："机会对于不能利用它的人又有什么用呢？正如风只对能利用它的人才是动力。"能够二十几岁时发现机会，把握机遇，借势而起，在未来竞争中一定会处于不败之地。

3.抓住身边每一个机会

美国一个小村落，接连下了一个礼拜的大雨，洪水淹没全村。一位神父正在教堂里祈祷，眼看洪水已经淹到他跪着的膝盖了。

一个救生员驾着舢板来到教堂，跟神父说："神父，赶快上来吧！不然洪水会把你淹死的。"

神父说："不！我深信爱我的上帝会来救我的，你先去救别人好了。"不久，洪水淹过神父的胸口了，神父只好站在祭坛上。

这时，又有一个警察开着快艇过来，跟神父说："神父，快上来，不然你真的会被淹死的。"

神父说："不，我要守住我的教堂，我相信上帝一定会来救我的。你还是先去救别人好了。"又过了一会，洪水已经把整个教堂淹没了，神父只好紧紧抓住教堂顶端的十字架。

一架直升机缓缓地飞过来，飞行员丢下了绳梯之后大叫："神父，快上来，这是最后的机会了，我们可不愿意见到你被洪水淹死。"

神父还是意志坚定地说："不，我要守住我的教堂！上帝一定会来救我的。你还是先去救别人好了。上帝会与我同在。"洪水滚滚而来，固执的神父终于被淹死了。

神父上了天堂，见到上帝后很生气地质问："主啊，我终生奉献给您，您为什么不肯救我呢？"

上帝说："我怎么不肯救你？第一次，我派了舢板来救你，你不要,我以为你担心舢板危险;第二次,我又派一只快艇去,你还是不要;第三次,我以国宾的礼仪待你,再派一架直升机来救你,结果你还是不愿意接受……"

人生的得失常常就在于机会的得失。机不可失,时不再来,这是一个浅显而深刻的道理。故事中这个迂腐的神父,抱怨没有机会,其实机会一直就在身边。抓住机会,你就能少走很多弯路,少吃很多不必要的苦,跃上成功的位置。而世界上也永远没有后悔药,当你错过机遇的时候,便再也追不回了。

有一个20岁的男孩子,一直暗恋一个女孩,但始终没有勇气表白。女孩经常来找他,常常是借书还书。女孩对他不冷不热,他看不懂女孩的态度,怕女孩拒绝。他几次想表白,但当见到她时勇气全无。他们就这样来往着。有一天,男孩下决心要表白。可晚上到她单位的办公室时,她正和一个他不太熟悉的男孩子亲密地交谈着。女孩介绍他们认识。他语无伦次地说了几句,然后落荒而逃。直到有一天他在看钱钟书的小说《围城》时突然醒悟。小说里面有这么几句话:"借书是男女恋爱必然的初步,一借书,问题就大了。""借了要还的,一借一还,一本书可以做两次接触的借口,而且不着痕迹。"

机遇来临时大多是悄然无声的。它像一个古怪的精灵,在我们不经意中飘然而至,在我们的犹豫中消失。正如英国女作家乔治·艾略特写的:"生命之河中灿烂辉煌的时刻在身边匆匆流过,而我们只看到沙砾;天使也曾降临并探访过我们,而他们飞走后我们才恍然大悟。"机遇是有时效的,机不可失,时不再来,稍有放松就会擦肩而过,抱恨终生。有些机遇人生中不能重复,错过了就是永远的遗憾。

人人都渴望成功。成功的人,无一例外都是抓住机会、利用机会的高手。二十几岁的年轻人,只有把握好每一次机会,才能在竞争中占优。

4.机会来临不要优柔寡断

生活中有这么一些年轻人，他们能意识到机会的存在，但就是优柔寡断，最终让机会溜走。优柔寡断是一个致命的弱点，在它还没有对你施加影响，破坏你的机会之前，你就应该及早把它置于死地。不要再犹豫，不要再思前想后，当机遇降临时，我们要马上做出决断，对待机会下手要快。

当然，当机会降临，面对比较复杂的事情，在决断之前必须从各方面来加以权衡和考虑。但是一旦打定主意，就决不要再更改，不再留给自己后退的余地，要有破釜沉舟的魄力。只有这样做，才能养成坚决果断的习惯，既可以增加自信，也能博得他人的信赖。有了这种习惯后，即使在最初做出错误的决策，但由此获得的种种卓越品质，足以弥补错误带来的损失。

美国拉沙叶大学的一位业务员，去拜访西部一小镇上的一位房地产经纪人，想把《推销与商业管理》课程介绍给他。业务员到达房地产经纪人办公室时，发现他正在一架古老的打字机上打字。业务员先自我介绍，然后开始介绍所推销的课程。

房地产商人显然听得津津有味，然而听完之后，他却迟迟不做决定。

业务员只好单刀直入地说："你想参加这个课程吧，不是吗？"

房地产商人无精打采地回答说："呀，我自己也不知道是否想参加。"他说的是实话，因为像他这样难以迅速做出决定、优柔寡断的人有数百万之多。

业务员站起身来准备离开时说的话使房地产商人大吃一惊。

"我决定向你说一些你不喜欢听的话,但这些话可能对你很有帮助。先看看你工作的办公室,地板脏得怕人,墙壁上全是灰尘。你现在所使用的打字机,看来好像是大洪水时代诺亚先生在方舟上所用过的。你的衣服又脏又破,你脸上的胡子也不刮干净。你的眼光告诉我,你已经被打败了。

"在我的想象中,在你家里,你太太和你的孩子穿得也不好,也许吃得也不好。你太太一直忠实地跟着你,但你的成就并不如她当初所希望的。在你们刚结婚时,她本以为你将来会有很大的成就。

"请记住,我现在并不是向一位准备进入我们学校的学生讲话,即使你用现金预缴学费,我也不会接受。因为,如果我接受了,你也难有完成它的进取心,我们不希望我们的学生当中有人失败。

"现在,我告诉你你为何失败。是因为优柔寡断,没有做出一项决定的能力。在你的一生中,你一直有着一种习惯:逃避责任,无法做出决定。错过了今天,即使你想做什么,也无法办得到了。

"如果你告诉我,你想参加这个课程,或者你不想参加这个课程,那么,我会同情你,因为我知道你是因为没钱才如此犹豫不决。但结果你说什么呢?你承认你并不知道你究竟参加或不参加。你已养成逃避责任的习惯,无法对影响你生活的事情做出明确的决定。"

房地产商人呆坐在椅子上,头往后缩,眼睛因惊讶而膨胀,但他并不对这些尖刻的指责争辩。业务员道声再见走了出去,把房门关上。但他又把门打开走了回来,带着微笑在那位吃惊的房地产商人面前坐下来,说:"我的批评也许伤害了你,但我倒是希望能够触动你。现在我以男人对男人的态度告诉你,我认为你很有智慧,而且我确定你很有能力。你只是养成了令你失败的习惯。但你可以再度站起来,我可以扶你一把,只要你愿意原谅我刚才所说过的那些话。你并不属于这个小镇,这个地方不适合从事房地产生意。赶快替自己找套新衣服,即使向人借钱也要买来,然后跟我到圣路易市去,我介绍一个房地产商人和你认识,他可以给你一个赚大钱的机会,还可以教你有关这一行业的注意事项。你愿意跟我来吗？"

那位房地产商人竟然抱头哭泣起来。最后，他努力地站了起来，和这位业务员握着手，感谢他的好意，并接受他的劝告，但要以自己的方式去做。他要了一张空白报名表，答应报名参加《推销与商业管理》课程，并且凑了一些硬币，先交了头一期的学费。

三年后，这位去掉了优柔寡断弱点的房地产商人，开了一家有60 名业务员的大公司，成为圣路易市最成功的房地产商人之一。

人们在对机遇进行决策时，谨慎选择无可厚非，但要抓住时机，果断拍板。不少人养成了谨小慎微的习惯，害怕风险，即使事情迫在眉睫也不大敢拿主意，企图得到有关决策对象的全部详细的信息，力求正确再正确，不想担风险，十拿九稳都不放心，得十拿十稳才肯干，因为"不怕一万，就怕万一"。但等到做出了一个看似正确的决策时，却已时过境迁，变成了"马后炮"决策。现代社会活动十分复杂，决策者所面临的环境不是静止的，而是不断发展变化的，过分求信息完整，很可能坐失良机，贻误时机是决策之大忌。

只要是自己认为对的事情，绝不可优柔寡断，必须马上付诸行动。不能做决定的人，固然不会做错事，但也失去了成功的机会。

美国的企业家李·艾柯卡对他走后担任福特汽车公司总裁的菲利普·考德威尔说过："菲尔，你的问题就出在你上过哈佛大学，你受的教育是，在你没有获得全部事实根据之前不采取行动。你即使已经得到了 95％的根据，你也还得花上 6 个月得到其余的 5％，而当你得到 100％的根据时，它们已经过了时，因为市场情况变了。这就是生命的含义——时间。"艾柯卡的结论是：即使是正确的决策，如果迟了也是错误的。艾柯卡的话值得每一位领导深思：任何一个实际问题，都可以作为一个课题在研究所里研究，但在实际领导活动中，却不能只是"研究研究"，它需要在调查了解情况、分析比较利弊、进行可行性分析的基础上，抓住时机，果断决策。

争分夺秒是成功的基石，果断抓住适合自己的机遇，是非常重要的。哈佛大学著名天文学家本杰明·皮尔斯教授说："不要以为拖拖拉拉的习惯是无伤大局的,它是个能使你抱负落空、破坏你的幸福,甚至夺去你生命的恶棍。"

有些人最终没有成大事,并不是缺乏成就事业的能力,而是因为做事毫无"心计",在机遇降临时,没有能够迅速果断地出击。一个能迅速而又准确地对事物做出判断的人,比那些犹豫不决的人机会多得多。

作为二十几岁的年轻人,处理事情时,应该先做理性分析,对事情及其环境做一个正确的判断,然后再制定相应的对策。而一旦付诸实施,就要全力以赴。判断力不准确和缺乏判断力的人通常很难决定真正开始做一件事,即使决定开始做了,也往往很难有收效。因为他们把大部分精力和时间都消耗在毫无意义的犹豫当中,这种人即使具备其他获致成功的条件,也不会收获成功的果实。

大凡成大事者须当机立断,把握时机。一旦对事情考察清楚,并制订了周密计划后,就不再犹豫,而勇敢果断地立刻去做,即使最终失败了,也会重整旗鼓从头再来。

5.机遇只垂青有准备的人

瑞士曾是钟表王国,其钟表质量之高举世公认,但他们做梦也不曾想到自己的霸主地位会被日本人抢走。

1960 年,在瑞士举行的一年一度的新夏特尔天文台钟表展览会上,一种新的钟表石英表出现在消费者面前,这种表的研制者正是瑞士人。石英表的出现对钟表业而言是一个绝好的机会,但瑞士人没有看到这一机会。一直在觊觎瑞士钟表王国宝座的日本人在展览会上看到被冷落一旁、无人问津的石英钟时，眼睛为之一亮：他们看到了希望——击败瑞士人，希望就是石英表。日本精工集团随后正式立项，投入大量人力财力研制石英表。

很快，日本人取得了令人瞠目的成就。1960 年，由瑞士公司承担的罗马奥运会所用钟表大都是机械表，但在 1964 年的东京奥运会上，由日本精工集团包揽的大会用表却是清一色的可携式石英钟。这一成就敲响了瑞士一百年钟表王国的第一声丧钟。

接着，在瑞士新夏特尔天文台于 1967 年举办的展览中，精工集团一举包揽了石英怀表评比的前 5 位。当 1969 年世界上第一块商品的石英电子手表"精工 35sQ"由精工集团推出时，这第二声丧钟彻底宣告了瑞士钟表的失败。

由于把握住了可贵的时机，石英手表掀起了一场手表革命，取代了具有 100 年历史的机械表的霸主地位。终于，日本人击败了瑞士人。

日本人之胜，胜在抓住了机会；瑞士人之败，败在失去了机会。"机会总是偏爱那些有准备的脑袋"。没有准备的脑袋，即使机会叩其脑门，也未必知道张开双臂，拥抱找上门来的机会。

也许你看过《八十天环游地球》的电影，但未必知道有人用八十美元环游过地球，也许你觉得这不可思议，然而这的确是真的。

有一个叫罗伯特的美国人，想用八十美元来周游世界，别人都认为他疯了。他人的冷嘲热讽未能动摇罗伯特坚决的心，他用一张纸写下了用八十美元旅行需要做的准备。

（1）设法领取到一份可以上船当船员的文件；

（2）去警察局申领无犯罪记录的证明；

（3）考取一个国际驾驶执照，找来一套世界地图；

（4）与一家公司签订合同，为之提供所经国家的土壤样品；

（5）同一家胶卷公司签订协议，可以在这家公司全球的任何一个分公司免费领取胶卷，但要拍摄照片为公司做宣传。

罗伯特完成以上的准备之后,就在口袋里装好八十美元,兴致勃勃地开始了他的环球之旅。最终,他完全实现了自己的梦想,让嘲笑他的那些人无地自容。

以下是他旅行一些经历的片断。

(1)在爱尔兰,花五美元买了四箱香烟,从巴黎到维也纳,费用是送司机一箱香烟。

(2)从维也纳到瑞士,由于他搭乘货车的司机在半途得了急病,已经拥有国际驾驶执照的他将司机送到了医院,并将货物安全送到了目的地。货运公司非常感激他,专门派车将他送到了瑞士,当然是免费车。

(3)在西班牙一家新开张的公司门口,他们用来拍摄庆祝画面的照相机出了故障,再去买新的已来不及。恰巧罗伯特在场免费为他们拍摄了照片,他们送给罗伯特一张到达意大利的飞机票。

(4)在泰国,由于提供了一份美国人最近旅游习惯的资料,他在一家高档的宾馆享受了一顿丰盛的晚餐。

对有准备的罗伯特,处处都是机会。这准备二字,真不是说说而已。机遇对于有准备的人来说,是通向成功之路的催化剂;对于缺乏准备的人来说,却是一颗裹着糖衣的毒剂,在你还沉浸在获得机会的兴奋之中时,它却给予你沉重的打击,让你懂得没有准备就不应该上场。

准备不但体现在生活上,也同样体现在职场上。也许你目前的职业生活让你感到压抑,急需机遇来证明你的能力。但你习惯于生活的惬意,家务的琐碎已经将机遇演变成了守株待兔的等待。在工作中经常会出现一些小差错,但依仗资历高而有恃无恐。要知道,准备是你再次腾飞的前提,也是你敬业精神的表现。

有一次,一个大规模音乐会的组织者想邀请瑞士钢琴家塔尔贝格出场演出,塔尔贝格问他:"演奏会什么时候开始?"组织者答:"下月1号。"

塔尔贝格说："对不起，练习时间不够，我无法参加。"主持人不解地问："您是钢琴界大师级的人物，难道还需要练习吗？"塔尔贝格说："我演奏一曲新曲目时，至少要有一个月的时间练习。"主持人又问："3 天时间不够吗？我认识许多音乐家，从来没有一个人为一次并不重要的演奏会而练习 4 天以上，何况像你这种大师级的音乐家，更没有练习的必要了吧。"

塔尔贝格认真地说："我每次发表新作品，至少要练习 1500 次，否则不敢出场演奏。就算一天练习 50 次，也需要一个月的时间。如果你能等一个月，我很乐意出席，否则，很遗憾，我只好拒绝你的邀请。"

机遇并不垂青大师，只垂青有准备的人。人世间最可悲的一句话就是："曾经有一个非常好的机会摆在我面前，可惜我没有把握住。"遗憾的是，这种事情在很多年轻人身上都发生过。

人的命运可以说是由一连串的机遇连接而成的。每个人都是自己命运的设计师，也是自己命运的建筑师。我们每做一件小事和一个不经意的动作，都可能被机遇之神垂青，机遇真是无处不在！所以，我们要时刻准备着，因为下一刻就有你的机会。二十几岁的年轻人，还等待什么？

6.思维灵活，其实就是机遇

美国艾吉隆公司董事长布希耐一次散步到了郊外，看到几个小女孩正在玩一只非常肮脏和异常丑陋的昆虫，非但不害怕，还玩得爱不释手。看着她们开心的样子，布希耐先是不理解，但很快一个怪想法就在他的大脑中形成了。他想，市面上销售的玩具都是优美漂亮的,如芭比娃娃等,如果生产一些丑陋的玩具,市场反应会如何呢?心动不如行动,他马上叫手下的人研制出一批"丑陋玩具",迅速投向了市场。

这一个小小的变化,让布希耐大获全胜,他的"丑陋玩具"给公司带来了巨大的经济效益。这样的一些丑八怪玩具的售价甚至比漂亮的玩具还要高,然而一直很畅销,丑陋玩具也从此风靡于世。

这个故事说明:换一种思考方式也许就是机遇,就是一个新突破。这个世界,每天都在变化,我们所面对的变化是那么频繁,那么快,快得你还没有感觉到的时候它就已经结束了。也许这个世界从来就不缺少机会,而缺少在变化中运用灵活思维发现机遇的能力。

假如一个人目光呆滞,反应迟钝,即使碰上好运气,也会让机会从眼皮底下溜走。

在弗莱明以前,就有其他科学家见过青霉素菌能抑制葡萄球菌的现象;在伦琴以前,已经有物理学家注意到 X 射线的存在;伦琴家乡的不少人都知道感染过牛痘的人能免生天花,特别是那些挤奶工。但是,由于他们不以为然,而无所作为。

试看国外的一些企业,在开展公共关系活动时,热衷于制造具有新闻价值的事件,以引起媒介关注。企业善于借这类事件的影响,借新闻记者的口和笔名扬四方,扩大产品销量。这也正是运用灵活思维的一个表现。

美国联合碳化钙公司的产品一度滞销。公司为此十分担忧。

正在这时,一群鸽子飞进了公司总部大楼的一间空房子里。公司有关人员顿生灵感,下令关闭门窗,不让一只飞去。随后,立即打电话通知"动物保护委员会"派人前来救援,并电告各新闻机构。果然新闻界被惊动了。电视台、电台、报社纷纷派记者现场采访。从小心翼翼地捕捉第一只鸽子起,到最后一只鸽子受到保护为止,前后共花了 3 天时间。

3 天之中,新闻媒体做了一系列绘声绘色的报道。结果,该公司不但提高了知名度和美誉度，它所经营的碳化钙也转而畅销起来。

试想，如果缺乏灵活的思维，怎么能利用这飞来的大好机会？只能看着鸽子和机遇悄悄地飞来，又默默地飞走。

在日常生活中，常会发生各种各样的事，有些事使人感到惊奇，引起多数人的注意；有些事则平淡无奇，许多人漠然视之，但这并不排除它可能包含有重要的意义。

19 世纪的英国物理学家瑞利正是从日常生活中观察到端茶时，茶杯会在碟子里滑动和倾斜，有时茶杯里的水也会洒出一些，但当茶水稍洒出一点弄湿了茶碟时，变得不易在碟上滑动了。他对此做了进一步研究，做了许多相类似的实验，结果求得一种求算摩擦的方法倾斜法，他因此获得了意外惊喜。

富尔顿十岁时，和几个小朋友一起去划船钓鱼。富尔顿坐在船舷上，他的两只脚不在意地在水里来回踢着。不知什么时候，船缆松了扣，小船漂走了。富尔顿没有忽视这种生活中的小事，他发现自己的两只脚起了船桨的作用。富尔顿长大后，经过刻苦学习和研究，终于制造出世界上第一艘真正的轮船。

可见，平时留心周围的小事，有灵活的思维，更容易产生灵感，把握机遇。作为二十几岁的年轻人，很多人之所以不能另辟蹊径，少受机遇青睐，多是因为从习惯思维出发，而看不到现象后面的东西。

在这个世界上，有太多的事情是我们难以预料的。我们不能控制机遇，却可以掌握自己；我们无法预知未来，却可以把握现在；我们左右不了变化无常的天气，却可以调整自己的心情。总之，要想改变生活，就得让思维活跃。只有思维灵活，让思维闪烁出鲜艳的火花，才能追得上属于自己的机遇。

7.没有机会,就要创造机会

一个年轻人不小心掉到了一个很深的洞穴里,在他快死时,神告诉他,他原来有许多出去的机会,那人听后后悔地说:"我只知道等待机会,而没想到去创造机会呀!"

相信很多人也都像这个年轻人一样,一生都在等待着机会降临。然而,等待是消极的,也许,过了很长时间才能等到,也可能一辈子也等不到。只有自己创造,才会有更多的机会。

有一句格言说得好:"最能干的人不是那些等待机会的人,而是能创造机会,运用机会的人。"

"没有机会",永远是那些失败者的托词。

如果你走入失败者的队伍,他们大多数人将告诉你:他们之所以失败,是因为不能得到别人所具有的机会,没有人帮助他们,没有人提拔他们。他们会对你说,好的位置已经人满了,高等的职位已被挤满了,一切好的机会都已被他人捷足先登了,所以他们毫无机会了。

但有骨气的人却不会这样。他们工作,不怨天尤人。他们只是迈步向前,不等待别人的援助,而依靠自助,自己去创造机会,就像下面这个故事中的C。

A是合资公司白领,觉得自己满腔抱负没有得到上级的赏识,他想:如果有一天能见到老总,有机会展示一下自己的才干就好了!

A的同事B,也有同样的想法,他更进一步,打听老总上下班的时间,算好他大概会在何时进电梯,他也在这个时候去坐电梯,希望能遇到老总,有机会打个招呼。

同事 C 更进一步。他详细了解老总的奋斗历程，弄清老总毕业的学校，交际风格，关心的问题，精心设计了几句简单却有分量的开场白，在算好的时间去乘坐电梯，跟老总打过几次招呼后，终于有一天跟老总长谈了一次，不久就争取到了更好的职位。

愚者错失机会，智者善抓机会，成功者创造机会。机会只给准备好的人，准备是很重要的。

拿破仑在打了一次胜仗之后，有人问他，假如有机会，他想不想把第二座城堡攻下来。"什么？"拿破仑怒吼起来，"机会？我从不等待机会，我会去制造机会。"

世界上需要而缺少的，正是那些能够制造机会并牢牢把握机会的人。等待机会以至成为一种习惯，这真是一件可悲的事，工作的热情与精力就在这种等待中消失。对于那些不肯工作而只会胡思乱想的人来讲，机会永远都好像可望而不可即，只有那些勤恳工作，不肯轻易放过机会的人，才能看得见机会。

有人到一位雕塑家的家中参观，看到众神之中有一位脸被头发遮住，脚上长着翅膀的雕像，便问："他叫什么名字？"雕塑家答道："机会女神。"

"为什么她的脸不露出来？"

"因为当她到来时，人们很少认识她。"

"为什么她的脚上长着翅膀？"

"因为她很快就会离去，而一旦离去，就不会被追上。"

"机会女神的头发长在前面，"一位拉丁诗人也说过，"后面却是光秃秃的。如果抓前面的头发，你就可以抓住她；但如果让她逃脱，那么即使主神朱庇特也抓不到她。"

不要等待机会，要积极创造机会，就像拿破仑那样多少次使自己绝处逢生，或者像牧羊童费格森那样用一串玻璃计算星星之间的距离。对于懒惰者来说，再好的机会也一文不值；对于勤奋者来说，再普通的机会也很珍惜。有志人常说的一句话就是"有条件要上，没有条件,创造条件也要上"。这种豪迈精神让我们国家有了自己的大油田,有了一座座荒山变良田的奇迹。市场经济的今天,作为二十几岁的年轻人,更要秉承这种豪迈之气,用心去创造机会,用自己的双手去描绘壮丽的人生。记住,等待机会不如创造机会。

第十章

20 岁认识爱，学会爱；30 岁收获爱，分享爱

年少轻狂，20 岁的时候，也许还不懂得爱，但心中对爱有着炽热般的梦幻。然而种种现实，又可能让我们这最闪耀的梦瞬间破碎。我们还不成熟，还没有足够的判断力来确定爱。20 岁的时候认识爱，学会爱，才能在 30 岁的时候收获爱，分享爱。

1.年轻人,先要认识爱

阿娣在初中的时候就喜欢上了哥哥的好朋友亮仔。每次哥哥把亮仔带回家玩,她都找理由加入他们。她喜欢看亮仔帅气的面孔,听他讲小说里的故事,甚至偷偷地学他的某些动作。

亮仔把她当做小妹妹,每次摸摸她的头说:"丫头,想不想再听我讲个故事?"阿娣就会把头摇得像拨浪鼓一样。然后专心地看着他,一边看他那长长的睫毛、幽深的眼睛,一边回味他的手触摸自己脑袋时的感觉。至于他到底讲些什么故事,她一点都不在乎。

她确定自己已经爱上了亮仔。进入大学后,阿娣终于向亮仔表白了,可是遭到了拒绝。亮仔的拒绝让她更加不能自拔。已经读大三的亮仔有了女朋友,并带着那个开朗的女孩到她家里玩过。当时阿娣故意冷落那个女孩,缠着亮仔,让他像以前一样讲故事给她听。

亮仔讲了个以前说过的故事,他显然是在敷衍。当亮仔拉着女朋友的手离开的时候,阿娣感觉心里空荡荡的。她像着了魔一样地疯狂想念他——那长长的睫毛、迷人的眼睛。她发誓一定要追到他。

大学的几年时间里,阿娣拒绝了所有的追求者,因为她的心里只能容下一个完美的亮仔。她不断地给亮仔发邮件,发自己的照片,找他聊天。终于,她等到了一个令她振奋的消息:亮仔和女朋友分手了。

阿娣在猛烈进攻下,终于和亮仔走在了一起。为了呵护这来之不易的爱,阿娣要求亮仔从单位的宿舍搬出来和自己一起住,亮仔不同意,说要多花钱,何必呢?

最后,在阿娣的要求下,他们租了一间房,同居了。虽然是租来的房子,阿娣把它布置得漂漂亮亮的,还买了一台二手电视机。两个人温存了一段时间。

阿娣经常给亮仔做好吃的,并用自己做家教得来的钱为他买了个昂贵的Zip打火机做生日礼物,可亮仔从来没有给阿娣买过什么礼物。两人逛街时,亮仔也只顾着给自己挑东西,很少给阿娣买点什么,连阿娣的生日他也不知道,也没问过。阿娣心里隐隐有些不舒服,其实她并不是想得到什么礼物,只是想得到亮仔的一份心。或许他就是这么个不懂得体贴的人吧?阿娣这样安慰自己。

阿娣第一次感觉心里很不舒服,是他们交第二个月房租的时候,亮仔说那几天要加班,要晚点回来,阿娣只好自己交了房租。后来,每次一到交房租,亮仔就见不到人。阿娣也没有计较这些,可能他真的就是忘了这件事。

有一天,阿娣发现身体有些浮肿,到医院检查,结果是怀孕,已经两个多月了。惊慌失措的她把这件事告诉亮仔的时候,亮仔也吃了一惊,不知道如何是好。半晌,他说道:"去医院是不是又要花很多钱?唉,怎么这么不小心!"这个时候,他想到的却是自己的钱包。

委屈的阿娣突然爆发了:"你就知道钱!能不能关心一下我的身体?"两人为了这事大吵了一架。僵持中,阿娣硬着头皮打电话给哥哥,哥哥在电话中大骂了亮仔一通。

第二天阿娣回来,发现桌子上有三百元钱和一张纸条,亮仔让她自己到医院把问题解决了。后来,亮仔就像从人间蒸发了一般。

躺在手术台上,阿娣的眼泪忍不住流下来,难道这就是自己一直以来追求的爱吗?她心里那个完美的亮仔怎么会是这样一个不负责任的人?

最终,她明白,她之前所爱的并不是亮仔,而是一双长长的睫毛、一双美丽的眼睛。她就像《乱世佳人》里的斯嘉丽一样,从来不了解她的"心上人",却对他爱得死去活来,一直生活在自己营造的辛苦的围城中。现在城墙倒塌了,剩下的只有点点滴滴的遗恨和伤痛!

或许你会说,阿娣付出了那么深的感情,怎么会不叫爱呢?充其量是她爱错了人罢了。确实很难说阿娣对亮仔的情感不是爱,但有些爱不一定是你真正需要的,它未必适合你,你也未必能承受得起它。

二十几岁的时候,常会以为爱就是生命中的一切,是天是地。没有了爱,就会天塌地陷。二十几岁,可以像阿娣这样不管一切去追逐心中的爱。可等你到了三十多岁经历了太多的事情以后,你就会发现,爱并不是生命的全部。

爱不仅是狂热、执著、刺激的代名词,它还包含着责任、忠诚、宽容。二十几岁的年轻人,虽然已经过了情窦初开的年龄,但依然能强烈感受到爱上一个人时内心的惊涛巨浪。当你开始整天都在想一个人的时候,当你在焦急的等待一个人的短信的时候,当你夜晚来临开始胡思乱想的时候,当你会因为对方的一句称赞而心花怒放的时候,当你愿意为对方付出所有的时候……请不要太早下结论,爱也会有很多的错觉。

我们无法对爱严格定义。认识爱,那是两个人的默契,是在慢慢将两颗心的距离缩短,在无意识中渐渐靠近彼此。从好朋友到情人,真正的感情是用不了多久的。从你喜欢上他的那一刻起,也许他也在那一刻喜欢上了你,同节奏的爱情往往能奏出最和谐最动听的乐章。

2.失恋不等于失去全部

有人问一个正在放声大哭的年轻人:"你为何如此伤心?"

小伙子答道:"我失恋了。"

这人闻听连连抚掌大笑道:"糊涂呀糊涂。"

失恋者停住哭,气愤地质问:"我失恋了,你为什么还取笑我?"

那人摇头道:"不是我取笑你,而是你自己在取笑你自己啊。"

见失恋者不解他接着说:"你如此伤心,可见你心中还有爱的,既然你心中有爱,那对方就必定无爱,不然你们又何必分手?而爱在你这边,你并没有失去爱,只不过失去一个不爱你的人,这有什么值得你伤心的呢?我看你还是回家去睡觉吧。该哭的应是那个人,她不仅失去了你,还失去了你心中的爱,多可悲啊!"

失恋者听罢破涕为笑,恨自己连这浅显的道理都没看透,于是像那人鞠了一躬,转身离去!

这个世界,有人恋爱,就会有人失恋。爱情是人世间最美好的感情,但它只产生在两个相爱的人之间,一个人的相思不叫爱情。世界上这么多的人,找到一个相知的人实在是太难,所以绝大部分的人都有过失恋。失恋很平常,但千万不要失去自己。

我们来读一个身边年轻人的故事。

几年前,安徽望江的一位男学生,以全镇第一名的成绩考入了武汉大学新闻系。一年级就当上了系学生会主席,二年级成为了校学生会副主席,由于他的出色和优秀,追求他的女生自然不少,他很快就投入了情网,也很快就经历了失恋,由于没有及时从情感中摆脱出来,荒废了学业,在大二下学期被学校勒令退学,限他2天内离校。面对雪上加霜的打击，他没有勇气回家见自己的父母，在家门口徘徊了3个小时，晚上，母亲发现了他，一进门，当父亲得知事情的原委后，就把他的行李往门外一扔，"你给我滚！"。他向父母鞠了一个躬，默默背上行李，"滚"到了从前的高中。开始了第二次高三生活。在那段苦涩的日子里，他发誓要找回失去的一切。第二年，以安徽省文科第27名的成绩，又考回了武汉大学。重回母校没有了往日的兴奋，因为往日的同窗已是大四的老生了，自己还是一名新生。在一位老教授的鼓励下，决心在一年内学完三年的课程，既要把失去两年时的间抢回来，还要考上研究生。于是废寝忘食地学习，为了节省时间，中午就让管理员把自己反锁在自习室里，饿了吃方便面；晚上熄灯后就跑到浴室里学习。每学期学18门课程，一年内修满了172个学分。除两门是70多分外，其余都是80多分。第二年他不仅和原来的同学一起毕业，而且还考取了北大的研究生。在告别母校时，他感慨地说，这一段人生的起落，是我一生中最大的一笔财富。

哲学家培根说过：一切真正伟大的人物，没有一个因爱情而发狂，因为伟大的事业抑制了这种软弱的情感。古往今来许多伟人在爱情遭受挫折后，都没有被失恋的痛苦压倒，而是化痛苦为动力，终于在事业上取得了非凡的成就。

歌德失恋后没有陷入深深的痛苦中，而是把自己破灭的爱情作为创作的素材，写成了《少年维特之烦恼》，以此作为他事业成功的起点。年轻的居里夫人因失恋有过向尘世告别的念头，但她很快就从失恋的痛苦中崛起，投身于科学事业，她在四年的大学生活里，把全部的精力都用在学习上，最后以优异的成绩获得两个学衔：物理学硕士和数学硕士。罗曼·罗兰也饱尝过被心上人抛弃的痛苦，情场受挫后，他置一切于度外，集中精力奋发创作，经过十年构思，十年写作，完成了轰动世界文坛的名著《约翰·克利斯朵夫》。

自古雄才多磨难。经历了失恋磨难的人，一旦重新站立起来，将会显示出倍加强大的精神力量!失恋不是失去爱的权力,也不是被爱神抛弃,更不是失去生命的全部。天涯何处无芳草,不要纠结在某一段情感上要死要活。在人生的路途中不乏终身伴侣,在事业的奋斗中更不乏志同道合的战友,只要勇敢地扬起生活的风帆,投身于伟大的事业,就一定能够获得更甜蜜、幸福的爱情。

二十几岁的时候,最怕失去的不是已经拥有的东西,而是梦想。爱情如果只是一个过程,那么正是这个年龄应当经历的,如果要承担结果,30 岁以后,可能会更有能力,更有资格。其实,二十几岁的时候要做的事情很多,稍纵即逝,过久地沉溺在已经干枯的爱河中,与这个年龄的生命节奏很不合拍。

3.找一个怎样的老婆

人们常说,一个成功男人背后,一定有一个默默支持他的女人。所以,选择老婆对一个男人而言尤为重要。如萧伯纳所言:"选择一位妻子,如制订作战计划一样,只要错误一次,就永远糟了"。那么,二十几岁的男人,该找个什么样的老婆呢?

(1)心灵相通、举案齐眉的红颜知己

感情永远是第一位的,二十几岁的男人最期待找一位能与自己心灵相通、举案齐眉的红颜,两人能在现实生活的空隙中找到一个精神休憩的小花园,可以让彼此看到内心世界,吸进的是你我的氧气,呼出的彼此的烦恼。

(2)身心独立、拥有自我的成熟女人

男人的肩膀在女人的依靠下会更显坚实,但女人毫无自我的依附,只会让男人疲惫。女人拥有自己的事业,自己的想法,能坚持,会思考是一件对男女双方都有益的事。其实男人也可以在女人面前示弱,在毫无头绪的时候听从妻子的点拨。这样会产生一段奇妙而又耐人寻味的心理距离,留给妻子的是一段自足的精彩,留给丈夫的是欣赏的眼神,感情也会更牢固。

(3)持家有方,懂得享受的情调女人

持家有方和懂得享受并不矛盾,家庭不是女人的唯一天地,但家庭只有在女人的统一调配下,才会摇曳生姿、多姿多彩。同时,家庭不是军营,女人更不是管家婆,男人喜欢女人懂得享受,女人享受生活是对生活满足的表现,深夜拉着老公在街头吃小吃是一道很美的风景。

(4)爱夫爱家,孝顺长辈的贤惠女人

不要问丈夫"妈妈和老婆掉河里先救谁"的问题,要知道,妈妈给了丈夫生命,老婆给了丈夫一辈子的幸福,两个人都是丈夫生命中不能缺少的人。这是一个很残忍的问题,爱丈夫的妻子是不会让丈夫这么难堪的。

(5)教子有方,宽容大度的聪明母亲

实践证明,母亲对孩子的影响巨大,而孩子天性中得到母亲的遗传占多数。孟母三迁、岳母刺字虽是个案,但作为孩子生命中第一个真正的老师,母亲对孩子的影响非同一般,就如人们所言,看一个孩子的品行,就能知道他的父母是什么样。一个宅心仁厚的孩子,一定有一位宽容仁慈的母亲。

(6)通情达理,平等沟通的理性女人

我们不得不承认"一哭二闹三上吊"是女人获胜的法宝。但需知,任何问题的解决,都需要平等对话,理性协商,夫妻也不例外。如果一个妻子的丈夫不愿和妻子沟通,那么,这位妻子就没有必要采用上述方法,转身离开即可。如果妻子采用上述方法,获得了所谓的胜利,其实是饮鸩止渴,到最后,不是草草收场,就是两败俱伤,根本无法解决问题。

　　说到底，婚姻是两个人的事情，从某种角度来说，夫妻间最大的成就也许就是相互磨合得互尊互爱。二十几岁的男人想要的是一个真实成熟的女人，无论风风雨雨，都会携手一生的伴侣。

　　网上，有众多热心的网友总结出了最适合做老婆的九种女人。

　　（1）善解人意的女人

　　她细心、有洞察力，能从你表露的一些苗头想问题。快活时与你一同分享，有难言之隐时，她能从你的举手投足中发现，并能劝慰你。

　　（2）心地善良的女人

　　她始终把你当做一生中最亲的人，她不仅对你，而且对邻居、对你的同事也很乐善好施。你的邻里、同事会称颂她，从而对你也很尊敬。

　　（3）自然优美的女人

　　她不是那种花枝招展、引蜂招蝶的人，她不追求奢侈的生活，但懂得把自己打扮得令人赏心悦目，她得体的言行会让你舒心。

　　（4）乐观自信的女人

　　她乐观豁达，她相信你会取得成功，相信你的胆识和才能。她不会因你的挫折对你失望，也不会因你的成功过喜。

　　（5）聪慧的女人

　　她聪明贤惠，当你遇到什么事情难以决定时，她便告诉你一系列参考意见。她是你的助手，开阔你的思路。

　　（6）会理财的女人

　　她懂得如何安排你们的收入，让你始终不用为生活操心。她合理安排要做的事，不虎头蛇尾，能承担起各种义务，持好家理好财。

　　（7）讲究说话艺术的女人

　　她能针对人物的特点交谈，能为你获得良好的人际环境。她也总能把你的意图巧妙地告诉对方。

（8）独立性强的女人

她能判断事情的是非，并不老缠着你就一些小事让你做决断。她能独立工作、安排家务，她给你充足的时间考虑单位的事。

（9）有现代意识的女人

她有很强的适应性，具有敏锐的观察力和思考能力，她很容易接受新知识，不守旧。在思维方式，做人行事方面也是个现代人，总把你介绍给她的朋友、同事，把你融进一个更大的社交圈子里。

当然，具体找个什么样的老婆，每个男士也要根据自己的实际条件、能力、家庭理想来选择。

4.找一个怎样的老公

有人说，女人一生最大的成功，是嫁了一个好老公。有的女人是"宁肯在宝马车里哭，也不愿在自行车上笑"。二十几岁的女人，找一个什么样的老公，是自己人生一步最重要的棋。而这步棋如果走错了，对女人而言，不能不说是一种不幸。

那时，阿朵是一个拥有极高回头率的女孩，喜欢她的男生贼多。阿朵在一家电子厂上班，却看上了老板的公子。那个小伙子，平时作风不太好，喜欢打架斗殴。但就是这样的一个人，在家人的坚决反对中，阿朵却做出了与家人断绝关系的决定，毅然嫁给了他。然而，好景不长，她老公的劣性就暴露无遗，酒后对她非打即骂，她自始至终就这样忍受着，因为这种生活是她自己选择的，与别人无关。前几年，企业效益不好，她内退在家成了全职家属。然而，令她没有想到的是，自己的老公竟然和一位年轻女秘书同居了，非要与她离婚不可，弄得她家不像家，人不像人。

女人选择男人,应该是选择能跟自己过日子的人,而不是选择金钱、地位、权势,不能在这些面前失去了自己。女人如果把自己放在附属地位,丢失了平等地位,那就是跟自己过不去。

对二十几岁的女人而言,选择一个好老公,可以参考以下标准。

(1)坚强

那些失败过一次两次就怨天尤人、委靡不振的男人坚决不能要。男人要能给女人安全感。如果你找一个老公,他不能够照顾你,还要经常在你面前哭诉自己的不幸,让你承担实际上他自己可解除的痛苦,这是非常失败的。

(2)可靠

有首歌唱道:“男人爱潇洒,女人爱漂亮,潇洒漂亮,却不可靠。”女人不能找一个不可靠的男人。

男人可靠,是指他待人处事可信度高。男人在事业上发展,缺乏令人信任的品质,就很难获得成功,没有一个上司愿意任用不可靠的下属,也没有朋友愿意找不可信的人合作。在情场上打败仗的,恰是那种不能赢得女人信任的男人。不被信赖,这是男人最不成功的人生。

(3)有气度

一定不能找小家子气的男人,即使他爱你。因为一点小事就吃醋,不论你是因公与上司出去应酬,还是因私与多年不见的朋友聚会,在你回家后大吵大闹或者阴沉着脸不搭理你的男人,其实是自私的。爱一个人也要给她自由。作为现在社会的女性,要有自己的社交圈子,要独立、自主。不能给你自由空间的男人千万不能要。

(4)身体健康

不要求那个男的多么高大威猛,但一定要身体健康的。一个女人身体有点毛病可以称之为弱不禁风,如果一个男人整天病快快的,你说像啥话。

(5)不当乖宝宝

凡事都征求妈妈看法,毫无主见,动不动就说:"妈妈说……"这样的乖宝宝坚决不能要。记住,你嫁的是一个男人,并不是那个男人的妈妈。

(6)有稳定的收入

贫贱夫妻百事哀。如果一个男人连孩子的奶粉钱都拿不出来,月初就开始担心下个月的供房款,那么,你跟着他只有吃苦的分了。

(7)自信

充满自信的男人,能让女人放心地依靠。

(8)外貌匹配

不要求他英俊潇洒,但他的外貌不至于引起"公愤"。总不能你亭亭玉立一大美女,身边跟随一矮个的黑胖子吧?

(9)细心又有情趣

他可以不记得你大伯小叔三姑四姨的生日,但你的生日与结婚纪念日一定要记住,这两个日子在婚姻生活中是很重要的。能够出去浪漫一下还有礼物收,那是最好的。

(10)无不良嗜好

烟可以抽一点,酒可以喝一点,但不能太过。你总不想天天回去面对一个醉醺醺的酒鬼,嘴里还不时散发着浓浓烟臭味的人吧。

(11)社交能力强

一起出去应酬,他只知道站在一旁傻笑而找不到话题与你的朋友交谈,凡事需要你出来撑场面的男人,会让你脸面无光。

(12)大男人气概

你在外面受到欺负时,他能够挺身而出,毫不犹豫地为你出头,真切地保护你。这样的大男人就值得你考虑托付终身。

(13)有责任心

男人一定要有责任心,自己做的事要敢于承担,无论是公事还是私事。那种一有事就往别人身上推的男人,不但卑鄙而且可耻。

(14)平和

如果一个男人不能以平和的心去看待自己的得失,整天愤世嫉俗,怪社会不公,怨生活不平,那么你和他在一起也会影响你的心情,给你的心理造成巨大的压力,导致你不快乐地生活。

5.男人,如何处理"婆媳关系"

早在《孔雀东南飞》的年代,婆媳关系就是卡在男人心里的一根刺。今天,不少男人更被摆在类似"如果妻子和母亲同时掉进河里,你先救谁?"的问题前,不断地被要亲情还是要爱情拷问。在众多婆媳征战不休的家庭中,男人就这样被夹在中间,左右为难地寻找平衡。

很多男性朋友都深有体会,夹在媳妇和母亲之间,左右都为难,这种家庭矛盾也很难处理,处理不好,会导致很复杂的恩怨深仇,甚至导致婚姻的破裂。

李玮的婚姻走到尽头,就是因为无法调和的婆媳矛盾造成的。

李玮的父亲走得比较早,母亲一人把他拉扯大,很不容易,所以李玮是一个不折不扣的"孝子"。结婚后,李玮与媳妇、母亲住在一起,母亲年岁大了需要人照顾。但不曾想,李玮媳妇跟老人家怎么也说不到一起。比如说,每次吃完饭,媳妇总会一股脑把吃剩的饭菜倒了,而李玮母亲节俭惯了,见媳妇这么浪费非常生气,说她不会过日子,下辈子肯定要讨饭。开始,李玮媳妇也不顶嘴,最多跟李玮发发脾气。后来,媳妇生了一个女娃,从这开始婆媳俩的战斗逐步升级。李玮母亲坚持让媳妇再生一胎,可媳妇死活不肯,说她就喜欢女孩。李玮也劝母亲说男女都一样,可老人一听老泪横流,说李家的香火要断了。没办法,李玮又去求媳妇屈从母亲的意思再生一胎,媳妇却说,"谁愿意生找谁去,反正我不愿意。"

在家庭生活当中,男人常常会遇到类似的矛盾,所以才会有"夹板气"的说法,觉得自己好像是风箱里的老鼠。

一个成功的男人这样总结道:"男人在家里最难过的时候是什么?就是自己的亲妈和自己的妻子发生矛盾的时候,你说,都和自己至亲至爱,该向着谁?"

作为男人,应该首先了解婆媳之间冲突的根源,然后再思考化解矛盾的办法。

一般而言,当人们听到或遇到婆媳之间冲突的情况时,会有两种反应:一是媳妇不尊敬老人,对老人不孝;二是婆婆太恶,对小辈苛刻。其实排除一些特殊情况,严格区分这两种反应在很多时候都有失公允。男人应该了解婆媳之间冲突的根本分歧。

其一是源于生活观念、生活方式、生活目标的不同。婆媳之间年龄相差几十岁,她们的生活目标、方式和观念都不同,且都认为自己是对的,这就使冲突难免。

其二是婆媳的心理不同。一个女人爱上一个人,做婆婆的不甘心自己不再是儿子生活中占第一位的女人,她觉得自己是母亲,有权支配儿子,而做妻子的更认为自己对丈夫有远比婆婆更多的权力。基于以上不同,对于这个家的归属问题就出现了分歧:做母亲的认为儿子的家是自己的家,起码儿子的小家仍归属于原来的大家,而做媳妇的则认为小家是个完全独立的家。

明白了这根本分歧,男人再回过头来重新审视自己家的婆媳冲突,找到最妥帖的处理方法。

(1)找到自己的角色定位

丈夫和妻子是合体,加上孩子,这是一个完整的家庭。夫妻的概念和小家庭的概念是否在丈夫角色里化入生活的核心?不再是单一的你,不再是那个在父母身边生活的毛头小伙子。父母的家是大家庭,自己的小家已经成立,而丈夫是小家庭的主要角色。男人结婚以后,家庭的模式转变了。

婚姻专家建议,妻子和父母发生矛盾的时候,丈夫先站到妻子一边来,然后再去得到父母的理解和宽容。妻子感到你的理解,她也会用同样的方式对待你,问题就会缓和下来,妻子高兴了,夫妻是同一个整体,静下来容易沟通和理解,容易把矛盾转向良性循环。

(2)重新建立沟通交流的模式

婆媳关系里起决定作用的并不是婆婆,也不是媳妇,而是丈夫。如果丈夫能够认识到自己的价值,动些心思来解决矛盾,就一定能够处理好婆媳之间的矛盾。在必要的时候,丈夫一定要会"和稀泥",为了家庭的和睦,不妨两头说一些善意的小谎。不过丈夫应该牢记的则是一定要让婆媳之间多点沟通,要知道,生活中的大多数问题都来自沟通不足。

(3)不要感情用事,听风就是雨

再嘱咐男人一句,切记不要明显带着偏袒的口气指责一方,否则会天下大乱。虽说家不是个讲理的地方,但在处理家庭关系上,一定要踩到理上,以理服人。可以各打五十大板,也可以先夸人再训人。没有哪一方会一点毛病没有,也没有哪一方是一无是处。所以,旗帜鲜明,不能将人一棍子打死,就算有毛病,也要看本质和出发点是什么。更多时候,双方都是好意,但是出发点不一样,处理方式不一样,就会出现好心办坏事的情况。这个时候男人尤其要擦亮眼睛,处理好矛盾纠纷。

6.女人,不要相信"完美男人"的神话

刘萍的脑海中,经常会浮现一个画面:在熙熙攘攘的大学校园里,一位美女拎着萝卜白菜,金色的夕阳斜照在她身上,那曼妙的身材和寒酸的蔬菜形成鲜明对比……

这是刘萍的同学买菜给同居男友的一幕。自从这个影像定格在刘萍的大脑后,她便决定,穷酸的学生绝不能要,一定要找个完美男人,有钱有才,让自己过上衣食无忧的生活。

工作后,刘萍开始不断相亲,也遇到过帅气的男人,但他工资少得连一辆捷达都买不起,更别提买房了;也遇到过小有家产的男人,但要么长得对不起观众,要么就年纪偏大,头顶都秃成飞机场了。有时刘萍也想将就一下,但又实在不甘心。于是继续将更多的精力投入到相亲之中。

一次,刘萍终于遇到自己中意的男士,工作、举止、长相都还不错,就是身高没有达到她的标准。刘萍衡量了一下,觉得那人整体素质不错,想进一步交往。但第一次见面后,人家就没有主动和她联系了。后来找介绍人偷偷了解后才知道,原来对方觉得她的身材一般,他想要找身高170厘米以上的。刘萍恨得咬牙切齿,但转念一想,你看不上我,我还看不上你呢!你才176厘米,我要求的可是180厘米的男人!

就这样,挑挑拣拣,一晃就要到30岁的门槛了。刘萍慌了:是坚持到底还是委曲求全?如果降低标准,这么多年的努力不是功亏一篑吗?如果继续坚持,还要等多久呢?

类似刘萍这样的女孩,有很多。在她们心里,有对未来完美老公

的憧憬:风度翩翩,多才多艺,事业有成,有车有房……可现实却是,大多数女孩找不到理想中的男友。于是,那些不甘心的女孩,挑来挑去一个个成为大龄"剩女"。

这个世界,如何就是完美男人呢?是有黄晓明的那样的身材、裴勇俊那样脸庞、古天乐那样古铜色皮肤还是要有韩寒那样洋洋洒洒的文采,亦或者要再加上富可敌国……真有完美的男人吗?或许有,但只可能存在于影视剧和文学作品中罢了。

现实中,有的男人喜欢喝酒、抽烟,你就认为他是不良青年;有的男人喜欢与女生搭讪,你就认为这个人花心,孰不知内在花心比表现出来的花心更可怕。长得帅气你觉得不可靠,怕背着你偷情,长得一般了你觉得人家寒碜,怕领出去人家问你这猴在哪买的。

还有相当一部分的单身女孩感叹,为什么自己看上的好男人,不是结婚了,就是非单身的。其实她们不明白一个道理,事业上成功的好男人背后,都会有过一个好女人。她们曾经和你一样年轻漂亮,但为了所爱的男人,放弃自己很多享受的权利。如果那个男人还是个纯爷们的话,他肯定不会忘记老婆的"栽培"。没有一个安稳而强有力的后方做支持,男人很难有事业上的成功。因为有了家庭,很多男人才从男孩变成有责任感的男人。责任感是男人做大事的先决条件。如果一个男人对自己不负责,又不懂得对他人负责,如何奢望他能成就大事?

到这里,我们就已经找到了没有好男人问题的关键,原来好男人是好女人培养出来的……所以二十几岁的女孩就不要再沉浸在遇到好男人的梦里了,真正聪明的女孩,已经开始为自己去抓一个男人来培养了。

其实,好男人就像埋在沙堆里的金块,只露出一个小角,等待着聪明善良的女人去发掘,去开发其潜在的巨大能量。不过,选材很重要。不要指望你可以改变一个风流成性、目无尊长,动不动就和别人较劲的男人会在你的感召下改变,所以要慎重选材。

二十几岁的女孩要找一个这样的男人来培养。他虽然没有太多钱,但是他总是偷偷地记得你的生日,在你自己都快要忘记的时候发来一声问候,送上一件独具匠心的小礼物。他总会在你身边默默留意。

都说女生天生是完美主义者,当然是得慎重挑选男人,但完美并不是固定不变的东西,此一时彼一时也,而且你得真正弄明白自己想要的是什么,不要等到做了怨妇之后才明白这一点,那就太晚了。

7.二十几岁,事业家庭两不误

年轻的时候,每个人都想干一番大事业。但当你把全部精力投入到自己的事业中时,如果处理不好,你的家庭与爱情就会受影响。

有位已婚的人,谈起中年经历的一次婚姻危机,深为感慨。

他说:"婚姻的前10年,我满脑子想的只是工作,一心奔前程,围着领导转,晚上泡在办公室写材料,就是节假日也是马不停蹄地奔忙。没有什么爱好,也没有什么娱乐兴趣,最大的爱好就是抽烟、喝酒、侃大山,这些活动都是和朋友、同事在一起,这也占了不少时间。在那些年里,我回家吃晚饭的时间越来越少,因为有那么多的应酬推都推不掉,我没有时间陪妻子和孩子出外娱乐,就是有时候勉强一起出去游玩,也是心不在焉,让他们去玩,自己找个没人的地方抽烟,考虑工作上的事情。我回家的最大享受不是沐浴温情,而是放松四肢睡大觉,因为在外边奔劳得太累了。

"我那么多年都无暇顾及妻子与儿子的情感需要,有时也心有所动,觉得在感情上亏待了他们,但转而一想,我这么奔前程也是为了他们好,再过几年混出个人样来就好了。而且孩子有妻子照顾,家里有妻子照料，妻子不愁吃不缺钱，她还有什么不满足呢？

"可是随着时光的推移，我发现妻子不再唠叨了，也很少抱怨了，孩子长大了，不再需要她操多少心了之后，她有了外遇，后来又提出和我离婚。我真弄不懂，我在外面打江山，为她创造如此舒适的生活环境，她怎么舍得丢掉这一切？

"而她却说我太自私，她已经无法忍受我对她和孩子的冷漠，她需要温情；跟我在一起生活无聊、乏味。

"我奔仕途带给她的只是虚荣。而这虚荣对她一钱不值，她不可能整天挂在嘴上，说她是×××的老婆。她需要体贴，需要关怀和爱，而这些我都没有。她说我只是一台工作的机器，是一个无血无肉的人。而她没想跟我过不去，只是想找到她应该得到的东西。"

这就是没有处理好工作、爱情和家庭关系造成的后果。实际上在我们的现实生活中，许多事业有成的人，同时拥有着幸福的家庭。君不见很多名人，在处理家庭问题和个人事业发展的时候，都能做得很好。不管是张学友也好，还是周华健也好，他们在达到别人羡慕的事业巅峰背后，也同样有着让人羡慕的完美家庭。

家庭和谐与事业发展，是相辅相成的。处理家庭与事业的关系，不仅考验一个人的智慧，同时也是一个人自身素质与能力的试金石。一个人的事业再怎么成功，如果家庭关系没有处理好，其事业也必然会乱方寸，难以走向辉煌。因此在事业和家庭之间，就不是一个如何取舍的问题，而是一个怎样艺术地处理好的问题。

那么，二十几岁的年轻人，怎样才能兼顾事业、爱情和家庭呢？

（1）要有事业心

大多数人在寻找爱情的时候，事业心是对方吸引自己的一个重要因素。爱上一个人，不光是爱上她或他的肉体，更重要的是爱上他的事业心，他的灵魂，也就是你喜欢一个有追求的人，而不喜欢一个无所事事、浑浑噩噩的人。

既然事业心是爱情的基础之一，一心扑在自己的事业上就不应该使爱情遭遇毁灭。这里的关键是,在你追求事业的时候,不能忘记另一半,应该让她也为你的事业忙起来,投入你的事业中,与你分忧解愁。不能让她闲着,无事可干,不然她就会觉得空虚无聊,寂寞难耐,就会想入非非,与你离心离德,最后就会离你而去,因为她觉得你忘记了她的存在,她就会去寻找重视她的存在的人。

如果你能把自己事业上的矛盾、烦恼、痛苦告诉她,让她帮你想办法,她一定会很高兴,会更爱你。

(2)爱心是任何时候都不能忘记的

很多人借口工作忙,顾不上家庭,顾不上爱情,这实际上是缺乏爱心。

有爱心的人在任何情况下都不会让自己喜爱的人寂寞和痛苦,在工作最忙碌的时候也会打个电话,告诉家里和爱人,这不过是举手之劳,不会耽误你多少工作,只是你没想这样做。你觉得他们不那么重要,他们对你不会有多大的帮助,你根本就是看不起他们。

当你觉得自己受到委屈的时候,你还把责任推到对方的身上,没有意识到自己爱心的缺乏是造成你的爱情与家庭破裂的根本原因。

所以,没有爱心,只有事业心是远远不够的。

(3)每个建立家庭的人都对家庭负有一定的责任和义务

事业心强是对家庭和你个人负责的一种表现。但是家庭的需要是多方面的,是要你负全面责任的,而不仅仅是你的事业。有些人整天忙事业,实际上是逃避家庭的责任和义务,吃完饭嘴一抹就走人,这不仅是对妻子劳动的不尊重,也是对自己的不负责,因为家庭不光需要你搞事业挣钱,还需要你的爱心、温情和乐趣。

所以,作为二十几岁的年轻人,不要只忙事业不顾家庭,或者是只顾家庭,丢掉事业的傻事。一个人,只有拥有一个幸福的家庭,才能有更多的精力和热情去奋斗事业。同时,也因着一份良好的事业,家庭才能维系生存。